本书为2023年江西省社科基金科普专项课题《中华传统文化之瑰宝—茶文化溯源与传播》（项目编号23ZXKP02）的研究成果

中华茶艺术鉴赏

王　欢◎著

光明日报出版社

图书在版编目（CIP）数据

中华茶艺术鉴赏 / 王欢著 . -- 北京：光明日报出
版社，2024.11. -- ISBN 978-7-5194-8347-0

Ⅰ. TS971.21

中国国家版本馆 CIP 数据核字第 20248CM960 号

中华茶艺术鉴赏
ZHONGHUA CHAYISHU JIANSHANG

著　　者：王　欢

责任编辑：刘兴华　　　　　　责任校对：宋　悦　温美静
封面设计：中联华文　　　　　责任印制：曹　诤

出版发行：光明日报出版社

地　　址：北京市西城区永安路 106 号，100050

电　　话：010-63169890（咨询），010-63131930（邮购）

传　　真：010-63131930

网　　址：http://book.gmw.cn

E - mail：gmrbcbs@gmw.cn

法律顾问：北京市兰台律师事务所龚柳方律师

印　　刷：三河市华东印刷有限公司

装　　订：三河市华东印刷有限公司

本书如有破损、缺页、装订错误，请与本社联系调换，电话：010-63131930

开　　本：170mm×240mm

字　　数：206 千字　　　　　印　　张：15.5

版　　次：2025 年 3 月第 1 版　　印　　次：2025 年 3 月第 1 次印刷

书　　号：ISBN 978-7-5194-8347-0

定　　价：78.00 元

前　言

茶文化是中华重要的传统文化之一，同时茶也是传承中华文化的重要载体之一。2017年，习近平主席向首届中国国际茶叶博览会致贺信，指出："中国是茶的故乡。茶叶深深融入中国人生活，成为传承中华文化的重要载体。从古代丝绸之路、茶马古道、茶船古道，到今天丝绸之路经济带、21世纪海上丝绸之路，茶穿越历史、跨越国界，深受世界各国人民喜爱。"

在当代，茶文化同样备受人们欢迎，而关于茶文化的研究资料也精彩纷呈。在茶文化的研究中，我们清楚地看到茶在中国人的理念中，绝不仅是一片植物学意义上的叶子。在此，我们进行了一次有趣的尝试，从艺术的角度用生动而优美的语言展现了茶文化的精髓。本书是每位善饮茶者之必备宝典，具有很强的知识性。本书较为系统地提出了一个认识茶艺术的体系。从茶类鉴赏、茶艺历史、茶书画、茶音乐、茶戏剧、茶空间、茶器具、茶技艺、茶艺表演等艺术的大块面，对茶与艺术进行了梳理。与以往侧重于茶文化、茶科技的茶类书籍相比，本书的亮点是聚焦茶艺术，打开了一个新的窗口。将茶文化和中国的诗词歌赋、书法绘画、戏剧音乐、歌舞唱和等艺术门类融合，更能体现出中国茶文化的博大精深。

我们相信，有茶的世界更和谐，和谐的世界一定和平。如果要选择一项古今中外都认可的、体现中华民族身份的物品，茶叶无疑是最好的选择。当凝结东方文化精髓的茶和茶道精神，真正成为中国这个东方文明古国人民的生活礼仪时，我们会在泡茶、饮茶中唤回心灵的宁静，回归人生的从容。

前　言

目　录
CONTENTS

绪论　中华传统文化研究与茶艺术 ……………………………………… 1

第一章　格物致知——六大茶类鉴赏 ……………………………… 10

　　第一节　绿芽仙汤——绿茶 ……………………………………… 10

　　第二节　毫金汤红——红茶 ……………………………………… 16

　　第三节　绿叶镶红边——乌龙茶 ………………………………… 20

　　第四节　黄叶黄汤——黄茶 ……………………………………… 25

　　第五节　银毫裹白——白茶 ……………………………………… 28

　　第六节　香陈色沉——黑茶 ……………………………………… 32

第二章　顺洄从之——茶艺历史溯源 ……………………………… 38

　　第一节　芼茶法——唐代以前的饮茶 …………………………… 38

　　第二节　煎茶法——唐朝饮茶 …………………………………… 45

　　第三节　点茶法——宋朝饮茶 …………………………………… 60

　　第四节　末茶法——元明饮茶 …………………………………… 76

　　第五节　沏茶法——明清饮茶 …………………………………… 81

第三章　高山流水——茶音乐艺术鉴赏 …………………………… 96

　　第一节　历史悠远——古茶歌谣 ………………………………… 96

　　第二节　尽情吟唱——现代茶歌曲 ……………………………… 103

　　第三节　载歌载舞——茶歌舞 …………………………………… 107

第四节　琴茶相伴——茶事活动中的音乐 ……………………108

第四章　气象万千——茶书画艺术鉴赏 ……………………114
第一节　大气磅礴——茶书法 ……………………………114
第二节　写实写意——茶绘画 ……………………………119
第三节　精妙雅妍——茶篆刻 ……………………………130

第五章　雅俗共赏——茶戏剧艺术鉴赏 ……………………133
第一节　源远流长——茶戏曲 ……………………………133
第二节　诙谐生动——采茶戏 ……………………………136
第三节　传承创新——茶话剧 ……………………………137

第六章　天人合一——茶空间艺术鉴赏 ……………………142
第一节　物我两忘——茶席之美 …………………………142
第二节　天地境界——茶境之幽 …………………………148
第三节　孔颜之乐——茶寮之趣 …………………………151

第七章　表礼之形——茶器艺术鉴赏 ………………………155
第一节　去繁就简——茶具的发展演变 …………………155
第二节　琳琅满目——茶具的种类 ………………………157
第三节　因材选器——泡茶用具的选择 …………………178

第八章　智慧之用——泡茶水之品赏 ………………………185
第一节　自然之韵——泡茶之水的种类 …………………185
第二节　宜茶之水——泡茶之水的选择 …………………194
第三节　已臻化境——泡茶水温和浸泡时间 ……………199

第九章　烹沏有序——茶冲泡艺术体验 **204**

第一节　仪规切己——泡茶之法 204

第二节　技艺卓越——泡茶之技 207

第三节　和而观之——泡茶之要素 212

第十章　情景交融——茶艺表演艺术欣赏 **215**

第一节　风流雅致——茶艺的六美 215

第二节　气韵生动——茶艺表演的基本要求 220

第三节　求真求善——茶艺表演的主题和风格 226

参考文献 **236**

后　记 **238**

绪论　中华传统文化研究与茶艺术

一、中华传统文化的基本特征

中华传统文化，是指在长期的历史发展过程中形成和发展起来的，保留在中华民族中具有稳定形态的中国文化，包括思想观念、思维方式、价值取向、道德情操、生活方式、礼仪制度、风俗习惯、文学艺术、教育科技等诸多层面的丰富内容。中国传统文化还具有各种表现形态，其中以伦理道德为核心。具体来说，中华传统文化具有下列几方面显著的特征。

（一）统一性与延续性

中华文化不仅具有典型的连续统一性特征，还具有一元连续性特点。其主要表现在下列三个方面：

首先，政治统一。从政治层面来看，中国的文化经过了十分持久的统一过程。在夏朝建立之前，中国与其他地区一样，存在着许多各自独立的部落。经过尧、舜、禹等各个时期的发展与变迁，最终形成了以黄河流域为中心的中原统一区域，此时各地区拥有了共同的政治和文化中心。

其次，民族融合和凝聚。中国是一个有着悠久历史的多民族国家。中华民族的强大凝聚力和向心力是中华文明历史进程的重要组成部分，是各个民族在长期历史进程中共同创造、锤炼并逐渐发展形成的。

最后，文化传统的不断发展承袭。中国传统文化着重强调前代文化遗留下来的历史文化价值，充分宣扬了传统本身所能够存在与流传的必然性和合理性。自宋朝降元以来，其质的规定性就基本上沉积下来了。所以，

尽管它同样也有跌宕起伏的情节，并且还多次面临不同的挑战，但是其一次又一次表现出巨大的再生力，逐渐形成了当今世界上十分罕见的、未曾中断的古老文化体系。

（二）人文精神与民本主义

中华传统人文精神最早发端于远古时期，经历了夏、商、周，直到春秋战国时期，才逐渐形成了系统且比较完整的理论形态。

尊君重民的"民本"思想。中国传统民本思想源远流长，早在殷周时期就已萌芽。周初时期的思想家周公在殷亡之后吸取教训，提出了"敬德保民"的重要思想。到了春秋战国时期，随着社会的发展和社会动荡的不断加剧，民众的地位获得了更大的关注，很多书籍与思想家都进一步阐述了以民为本的思想内涵。作为一个比较完整的思想内涵体系，民本思想主要由下列内容组成：第一，肯定民为邦国建设的根基，也就是统治者赖以生存和建立金字塔统治机制的重要基底。第二，主张君为民主。在中国古代的思想观念之中，国家的主要代表便是君主，而非民众。第三，"固本"和"宁邦"相互结合。一定要重视民心。这些下恤民生的方法，就是"上筹国计"的方法。

（三）重群体轻个体

中华民族由于自身群体意识有着强大的作用，形成了十分强大的向心力与凝聚力，追求为国为民献身，摒弃一己之私。民族传统文化之所以可以经得起种种冲击与考验，长盛不衰，就是这一传统思想在起作用。它同时还产生了一些负面影响，诱发了家长主义、王权主义甚至专制主义，制约了人的个性发展以及能动性的充分发挥。

（四）亲老尚古

任何一个民族的文化发展过程都会产生对历史的回顾与对未来的无限

憧憬。中华民族的价值观念同样也是以上古时期的"黄金时代"为其价值取向，以恪守宗法道德和伦理思想为其最高人格理想，以宗法社会中的传统作为价值典型的评判标准。

崇古思想的浓厚，还表现在对祖先的崇拜和对先王观念的推崇。原始宗教中已经形成了祖先崇拜的雏形，殷周时期将天帝和祖先崇拜相结合，形成了典型的先王崇拜观念。春秋战国时期的儒、墨、道、法等学派都推崇先王时期推行的政治治理理念，其中以儒家的先王崇拜思想最为典型和完善，对后世产生的影响也最大。

二、中华传统文化的当代价值

（一）维系国家统一、民族团结

中华民族在历史长河中，各族人民长期在这片热土上劳动、生息与奋斗，逐渐形成了共同的民族心理素质、特殊的思想感情、精神气质以及处世待人的方式，构成了一个重要的民族集合体。中原一带的华夏文化和周边的夷蛮戎狄等民族发生了直接的接触，一方面进一步容纳吸收了周边各个民族不同文化中所体现的某些因素，共同构成了博大的中华民族文化；另一方面也把自己的文化影响向周边各个民族施加，周边各族也进一步产生了不同程度的汉化，与此同时，还进一步保存了各自文化固有的特征。在这种情况下，表现出的是中华民族文化同一性和多样性相互结合的主要特征。它不仅保持了中华民族文化发展的主旋律，还呈现出"五音繁会"的丰富性，发出了"升降曲折之响"，谱写了一曲不同凡响的优美华夏乐章。

中华民族基本精神充分体现了中华民族共同的心理素质，进而具备了全民性，是我国整个民族精神面貌的最直接体现。它在防止外来民族的心理和精神影响方面起到了主要作用，有力地维系了中华民族的存续。从西汉时期开始，中外文化相互交流方面已经形成了两条文化交流的主要路

线，先后将中国和中西亚、东南亚甚至欧洲与非洲等地联系在一起，这就是十分著名的"丝绸之路"和"香瓷之路"（也称作"海上丝绸之路"）。通过这两条交通大动脉，国外的雕塑、乐舞、医药、香料、建筑、蔬果等源源不断运往中国，经过中国人的"肠胃"消化之后，发展成了中华文化重要的组成部分。

爱国思想和中华民族要求民族间平等、友好的愿望通常是保持一致的。中国自古以来就享有"礼仪之邦"的美誉。《诗经》中的《鹿鸣》《木瓜》等优秀诗篇，都充分体现了中华民族和境外各个民族礼尚往来的美德。这些优秀的中华传统文化，为当代中国各族人民紧密团结在一起，推动中华民族一致对外、砥砺奋进，创造更大辉煌打下了坚实的文化基础。因此，我们有理由坚定道路自信、理论自信、制度自信、文化自信。

（二）推动社会进步、培养健康人格

中国优秀的传统文化体现出来的基本精神，对当代社会产生了十分广泛的影响，极大地促进了当代社会的进步发展。所以，它充分反映出了中国文化积极健康的发展方向，可以进一步鼓舞人们继续发展前进，不管是在历史上还是在当代中国文化的建设过程中，同样具有能够激发起民族自尊心、自信心以及民族自豪感的伟大作用。它理所当然发展成为维系全民族共同心理、共同价值追求的思想纽带，发展成了激励人们为实现中华民族伟大统一、社会进步而英勇奋斗、鞠躬尽瘁的精神源泉。中国传统文化发展过程中刚健自强的强大精神动力，在孔子时期就已经产生了。孔子对于"刚"的品德极为重视，《论语·学而篇》曰："刚毅木讷近仁。"他高度肯定了临大节而不夺的高尚品质，认为这是刚毅的直接表现。

中华传统文化中的刚健自强思想影响深远，不仅被当作精神动力，在新时代更被赋予了新的内涵。

三、中华传统文化对茶艺术品鉴的影响

（一）中华传统文化的融入渗透——茶艺术"四基因"

1. 养心

王阳明《传习录》："欲修身，先养心。"一养感恩之心，二养敬畏之心，三养本真之心。感恩是积极向上的思考与谦卑的态度，不是简单的报恩，而是一种处世哲学和生活智慧，更是一种责任、自立、自尊和追求阳光人生的境界。朱熹《中庸经》："君子之心，长存敬畏。"人活着不能随心所欲，而要心有所惧。怀有敬畏之心，可使人懂得自警与自省，规范和约束自己的言行举止；敬畏是自律的开端，也是行为的界限。心存敬畏，不是叫人不敢想、不敢说、不敢做，而是叫人想之有道，说之有理，做之循法。本真其实就是道家《清静经》中的"心无其心"、洪应明《菜根谭》中的"拿着扫帚不扫地，深怕扫起心上尘"。何谓本真？本源、真相、正道、准则、纯洁真诚、天性本性，自然天成。交友，以诚相待，多说切直话，君子坦荡荡，无虚伪粉饰；处事，纯心做人，德在人先，利居人后。追随自我本真，做一个有理想、懂自由、有自信的真茶人。

2. 达礼

俗话说："知书达礼。"一懂礼貌，二有礼仪，三晓礼智。道之以德，齐之以礼。中国传统文化认为，礼是区分人与动物的标志。作为个体修养的体现，"礼貌"是从幼儿园开始就要求养成的行为规范。举止庄重，进退有礼，执事谨敬，文质彬彬，这些品质不仅能够保持个人的尊严，还有助于进德修业。"凡人之所以为人者，礼义也。"《春秋左传正义》云："中国有礼仪之大，故称夏；有服章之美，谓之华。""礼"是制度、规则和社会意识观念，"仪"是"礼"的具体表现形式，它是依据"礼"的规定和内容，形成的一套系统而完整的程序。礼仪对我们来说，更多的时候能体现出一个人的教养和品位。真正有礼仪、讲礼仪的人绝不会只在某一个或者几个特定的场合才注重礼仪规范，这是因为那些感性的、又有些程式化的细节，早已在他们的心灵历练中深入骨髓，浸入血液。礼智在中国传统美德中非常重要，"礼"是说人应该有谦让之感，"智"是开发心智、明辨是非，智的开发过程就是学习的过程；智者乐水，仁者乐山。"一纸书来只为墙，让他三尺又何妨。长城万里今犹在，不见当年秦始皇。"[1]表面上，礼有无数的"清规戒律"，但其根本目的在于使我们的社会成为一个充满生活乐趣的地方，使人变得平易近人。

3. 求美

老子说："天下皆知美之为美，斯恶已。"一求身体康美，二求生活恬美，三求人生福美。茶不仅具有促进健康的物质基础，还蕴含着令人愉悦的文化内涵，科学饮茶、健康品茗正是茶艺令人魂牵梦萦的魅力所在。所谓康美，不仅指躯体健康，还应包括心理健康、道德美好；身体康美是生活恬美的基础，是拥有福美人生的基石。大家都认同人生有四个层次，即活着、生活、乐活、雅活。人既可以"柴米油盐酱醋茶"，也可以"琴棋书画诗酒茶"；如果我们一直处于活着与生活（工作）层次，那么和动物世界有何差异？茶艺可以让我们坐到电视旁一边品茶一边观看节目，茶艺骨子里就潜伏着一种"采菊东篱下，悠然见南山"的闲情，同样珍藏着一股"世界那么大，我想去看看"的激情。我国的教育一直都在关注对学生的人才培养，哪种教育更多地关注对学生的人生培养呢？茶艺教育就是一种"谋技、谋智、谋道"的关注人生的传承培育。在学校，学生们学到的大多是智力堆积和职业训练，我们在学习和传授茶的艺术时，千万不要本末倒置，因为茶艺术既可以让我们达到"面对大海，春暖花开"的人生境界，也会让我们拥有"您养我长大，我陪您到老"的人生福祉。

4. 和思维

日本茶道以"和、静、清、寂"为其精神；韩国茶礼则以"和、静、

---

[1] 清康熙年间，礼部尚书张英写给自家人的家书。

俭、真"为其要义,所重已有不同;中国可谓百花齐放,谓"廉、美、和、敬"者,倡"和、静、怡、真"者,主"和、俭、静、洁"者等,不一而足。大多是倡导者"顺其地、其时情况"而提出,都秉承老子《道德经》中"道生之,德畜之,物行之,势成之""辅万物之自然而不敢为"的精神而各有侧重。在未来相当长的时间里,这些不同倡导除了具有"和"这一共性外,难以统一,其实也无须统一;这是茶艺文化的"和思维基因"在起决定性作用。

严格意义上说,"和思维"不是一种真正学科层面上的思维形式。我国著名科学家钱学森认为:"按人的类型分为抽象(逻辑)思维学、形象(直感)思维学及灵感(顿悟)思维学。"[①] 前一种思维学研究较有门道,后两种思维学还有待深入探究。"和思维"就是在这种背景下提出的,一种综合运用形象思维与其他思维方式的,以达到"天人合一,和而不同"精神为要旨的系统思维,把握思维客体及其发展规律,指导人们谋划以及实现行动价值。简而言之,所谓"和思维",就是以"天人合一,和而不同"精神为要旨,以形象思维为基本思维形式,以顿悟思维为必要提升思维形式,以逻辑思维为重要修复思维形式的综合思维。这种思维既具有形象思维"形象与整体"性,又具有顿悟思维"聚焦与突发"性,有时还会兼顾逻辑思维"抽象与概括"性。"观乎天文,以察时变,观乎人文,以化成天下。""天行健,君子以自强不息;地势坤,君子以厚德载物。""天人合一"的思想观念最早由庄子提出,后被汉代儒家思想家董仲舒发展为系统的哲学思想体系,并由此构建了中华传统文化的主体。国学大师季羡林说:"'天人合一'就是人与大自然要合一,要和平共处,不要讲征服与被征服。""天人合一"不仅仅是一种思想,更是一种状态。物质世界是绝对运动的,思维反映存在,所以思维也应当不断变化、与时俱进;物质与人以及物质之间是和谐统一的。"天人合一"的宇宙观、协和万邦的国际观、和

---

① 老子.道德经 [M].杨广思,注释.北京:民主与建设出版社,2017:7.

而不同的社会观、人心和善的道德观就是茶艺发展、茶和天下的人类贡献。

（二）中华传统文化的融合体现——茶艺术"四结合"

与其他文化相比，茶艺文化具有自身的独特特征，主要表现在以下四个"结合"上。

1. 物质与精神的结合

茶作为一种物质，它的形态是异常丰富的，茶作为一种文化，有着深刻的内涵和文化的超越性。唐代卢仝认为，饮茶可以进入"通仙灵"的奇妙境地；北宋苏轼认为"从来佳茗似佳人"；南宋杜耒说可以"寒夜客来茶当酒"；明代顾元庆谓"人不可一日无茶"；近代鲁迅说品茶是一种"清福"。科学家爱因斯坦在其组织的奥林匹亚科学院每晚例会上，用边饮茶休息、边学习议论的方式研究学问，被称为"茶杯精神"；法国大文豪巴尔扎克赞美茶"精细如拉塔基亚烟丝，色黄如威尼斯金子，未曾品尝即已幽香四溢"；日本高僧荣西禅师称茶"上通诸天境界，下资人伦"；华裔英国籍女作家韩素音说，"茶是独一无二的真正文明饮料，是礼貌和精神纯洁的化身"。随着物质的丰富，精神生活也随之提升，经济的发展促进了茶文化的流行，今天世界范围内出现的"茶文化热"就是最好的证明。

2. 高雅与通俗的结合

茶文化是一种典型的雅俗共赏的文化艺术。在其发展的历程中，它充分表现出了雅与俗两个大的发展方向，并且在二者的统一中不断向前发展。历史上，王公贵族通常会设茶宴，僧侣士大夫之间也会斗茶，分茶属于上层社会中高雅精致文化的范畴，而从中派生出来的关于茶的诗词、文学、戏曲、歌舞、书画、篆刻等门类，进一步产生了具有极高欣赏价值的艺术作品，这是茶文化艺术高雅性的表现。而民间的饮茶习俗具有大众化和通俗化的特点，老少咸宜，贴近生活，贴近社会，并由此产生了关于茶的神话故事、传说、谚语等，这是茶文化艺术通俗性的表现。精致高雅的

茶文化艺术，是通俗的茶文化经过吸收、提炼、升华而形成的。如果没有粗朴、通俗的民间茶文化土壤，高雅的茶文化艺术也就失去了生存的基础。所以，茶文化是劳动人民创造的，而上层社会对高雅茶文化艺术的推崇，又对茶文化的发展和普及起到了推进作用，并在很大程度上左右着茶艺术和茶文化的发展。

3. 功能与审美的结合

茶在充分满足当代人的物质生活的同时，也表现出了极为广泛的实用性。在中国，茶同时也是生活的必需品之一，食用、治病、解渴和养生都离不开茶。茶同时还在多种行业之中得到广泛的应用，更加令世人瞩目。茶和文人雅士结缘：杯茶在手，观察颜色，品味苦劳，体会人生；或者品茶益思，联想翩翩，文思泉涌。很多文人学士为了得到一杯佳茗，宁愿"诗人不做做茶农"。据此可知，在精神层面的需求上，茶所表现出来的是更加广泛的审美性。茶绚丽多姿，茶在文学艺术方面表现得五彩缤纷，茶艺、茶道、茶礼呈现出多姿多彩的样式，充分满足了当代人们在审美上的需要，它同时也是集物质和精神、休闲和娱乐于一体的文化形式，带给人无穷的美的享受。

4. 实用与娱乐的结合

茶文化所具备的典型的实用性，决定了茶文化必须具备功利性。随着茶的深加工与综合利用得到不断发展，茶的开发利用也逐渐渗透到多种行业之中。近年来，多种形式的茶文化艺术活动陆续展开，其最终的目标即"茶文化搭台，茶经济唱戏"，促进地方经济不断繁荣发展。实际上，这其实也是茶文化的实用性和娱乐性相互结合的一种直接体现。

总之，茶文化艺术蕴涵着进步的历史观和世界观，它以平和的心态去实现人类的理想和目标。

第一章　格物致知——六大茶类鉴赏

中国是世界上茶叶种类最丰富的国家，而各种风味的茶叶，都来自相似的鲜叶原料，区别主要在于制茶工艺。因此，根据加工工艺的不同，可分为六大基本茶类：绿茶、红茶、乌龙茶、黄茶、白茶、黑茶。

第一节　绿芽仙汤——绿茶

绿茶是我国茶叶种植面积最广、茶叶产量最高、茶叶品种最多、成品茶形状最丰富的茶，也是世界上最早的茶类。绿茶的产量和消费量在全国占比最大，占全国茶叶总产量的70%以上。全国有21个省（自治区、直辖市）生产绿茶，主要产区为浙江、安徽、湖南、湖北、四川、江西、贵州、江苏等省，其中又以浙江、安徽、江西三省的产量最高、质量最优。

绿茶为不发酵茶，以适宜的茶树新梢为原料。其主要的加工工序是杀青、揉捻、干燥。绿茶生产历史悠久，早在唐朝时期，我国已经盛行用蒸青的方法制作绿茶，之后传入日本。到明朝时，又发明了用炒青的办法制作绿茶。在长期的积累和实践中，中国人民有了丰富的制茶经验，茶品种多样，成为世界上绿茶产品最丰富的国家。优质的绿茶，干茶外形条索细紧圆直。冲泡后香气清雅，茶汤清澈明亮，呈现出清汤绿叶的特点，滋味鲜醇甘爽，叶底嫩绿明亮，叶色浅绿嫩黄。其中代表性的有扁平形的龙井

茶、兰花形的黄山毛峰、卷曲形的碧螺春、条索的信阳毛尖、针形的庐山云雾茶等。

一、西湖龙井

图1-1 西湖龙井

"院外风荷西子笑，明前龙井女儿红。"这句便是形容西湖龙井茶特点的绝佳诗句。西湖龙井是绿茶中的极品，以色翠、香郁、味甘、形美四绝著称于世，素有"国茶"之称，美名久传不衰。西湖龙井产于浙江省杭州西湖的狮峰、龙井、五云山、虎跑、梅家坞一带，这里生态环境得天独厚，气候温和，雨量充沛，使得龙井茶区的茶树芽叶柔嫩而细小，具备富含氨基酸与多种维生素等优良品质。外形：干茶扁平挺直，形似碗钉；色泽嫩绿略黄光润。内质：汤色碧绿晶莹，叶于水中亭亭玉立，叶底细嫩成朵，栩栩如生。第一水香气清嫩但稍有些杂味，第二水花显香，沁人心脾；滋味醇爽清冽，入口顺滑，甘甜爽口；总之是香清和、味清甘、韵清绵、意清逸。区分西湖龙井与外地龙井，主要看外形和闻香气、品滋味。

一是外形不同，西湖龙井扁平光润、挺直尖削、整齐和谐，以"形美"给人以赏心悦目的感觉；有些仿龙井茶不具有嫩绿色泽，有些还有白毫，没有西湖龙井的风格。二是香气、滋味不同，西湖龙井茶的香气清香鲜爽，而仿龙井茶口感较浓或涩，有的还有粗青味，香气也较平淡。

二、黄山毛峰

历史上，黄山毛峰的主要产地在黄山风景区内海拔700~800米的桃花峰、紫云峰、云谷寺一带。风景区以外的汤口、岗村、杨村、芳村也是黄山毛峰的重要产区，曾经被称

图1-2　黄山毛峰

为黄山的"四大名家"。现在黄山毛峰的生产区已经扩展到黄山市的徽州区、黄山区、歙县、黟县等地。且不说品质如何，仅仅是茶名就那么富有诗情画意，霎时就让人联想起云海奇松的黄山。一芽一叶初展的鲜嫩原料使其芽头肥壮且多毫，形似雀舌，色泽嫩绿微黄，芽叶中夹着一枚金黄色的小叶片，又称为"金片"，这是在诸多"毛峰"中验明"正身"的标志。清冽的香气随着茶烟从盖碗中袅袅升起，细嗅之，鲜爽清新，似乎还带着细腻的白兰花香。黄绿的芽叶赋予了茶汤同样的颜色，清澈澄净，使芽叶越发显得玲珑剔透。当舌尖被茶汤浸润时，鲜浓的滋味使人印象深刻。不过，最精彩的味道应该是第二道。滋味醇爽，充满活力，轻咽入喉，略有

收敛性却不涩，顿觉舌本回甘，口舌生香。至第三道，潜藏碗底的芽叶，安然不动，叶色转为嫩黄，形态却更为饱满。静置数秒，犹觉冷香萦杯，闻之清爽。缕缕轻烟淡雾，杯口即散，此莫非黄山的烟霞？

三、碧螺春

图1-3 碧螺春

碧螺春产于苏州太湖洞庭东、西二山，以洞庭石公、建设和金庭等为主要产区。传说康熙南巡苏州时赐茶名为"碧螺春"。据《太平清话》记载："洞庭小青山坞出茶，唐宋入贡，下有水月寺，即贡茶院也。"现存水月寺刻于明正统十四年（1449）的"水月禅寺中兴记"碑上有宋代文学家苏舜钦的题诗："水月开山大业年，朝廷敕额至今存。万株松覆青云坞，千树梨开白云园。无碍泉香夸绝品，小青茶熟占魁元。当时饭圣高阳女，永作伽蓝护法门。"从诗句中可看出，源于西山的碧螺春品质最佳。洞庭碧螺春以芽嫩、工细著称，成品有均匀的细白绒毛，卷曲似螺，有浓郁的兰花香，内质汤色清澈明亮，嫩香明显，滋味浓郁甘醇，鲜爽生津，回味绵长，叶底嫩绿显翠。碧螺春的采摘非常讲究，有三个特点：一是采得

早；二是采得嫩；三是拣得净。每年春分前后开采，谷雨前后结束。通常采一芽一叶初展，芽长1.6~2.0厘米，叶形卷如雀舌，炒制一斤碧螺春约需七万颗芽头。明代王士性《广志绎》记载了与碧螺春相关的天池茶工艺："余观茶品固佳，然以人事胜，其采揉焙封法度，锱两不爽。"这里将苏茶工艺归结为"采""揉""焙""封"四大因素，而如今碧螺春将此四大因素发挥到极致的恐怕只有"揉"了。综上所述，我们还原碧螺春的样貌：独特的采青形式、保存真汁的揉捻手法、精致的制焙法度、带有乳花气息的香型特征。

四、信阳毛尖

信阳毛尖产于河南信阳大别山地区，是我国著名的内销绿茶，以原料细嫩、制工精巧、形美、香高、味长而闻名。信阳产茶已有2000多年历史，茶园主要分布在车云山、集云山、云雾山、震雷山、黑龙潭等群山的峡谷之间。这里地势高，一般在800米以上，群峦叠翠，溪流纵横，云雾颇多，这缕缕之雾滋生孕育

图1-4 信阳毛尖

了肥壮柔嫩的茶芽，为制作独特风格的茶叶提供了天然条件。

信阳毛尖风格独特，质香气清高，汤色明净，滋味醇厚，叶底嫩绿；

饮后回甘生津，冲泡四五次，尚保持有长久的熟栗子香。欲得毛尖独特风格，须知细采巧烘炒。

信阳毛尖深受人们喜爱，荣誉众多：在巴拿马万国博览会上获名茶优质奖；被列为我国十大名茶之一。

信阳地区优越的气候与土壤条件，是绿茶生产的理想环境，千百年一脉相承的手工制茶工艺，使"信阳毛尖"的独特无与伦比。茶圣陆羽在其《茶经》中把光州茶（信阳毛尖）列为茶中上品，宋代文豪苏东坡又有"淮南茶信阳第一"的千古定论。外形条索紧细、圆、光、直，银绿隐翠，内质香气新鲜，叶底嫩绿匀整，青黑色，一般一芽一叶或一芽二叶，假"信阳毛尖"为卷曲形，叶片发黄。

五、庐山云雾

庐山云雾产于江西庐山。庐山的云雾千姿百态、变化无穷，整个庐山都浸润在缥缈的云雾中。茶树在云雾的滋润下，茶叶芽叶中芳香油得以积聚，叶芽保持鲜嫩，因此能制出色香味俱佳的好茶。庐山云雾古称"闻林茶"，从明代起始称"庐山云雾"。据《庐山志》记载，东汉时期，佛教传入我国，佛教徒结舍于庐山，庐山僧侣云集。他们攀崖登峰，种茶采茗。到了东晋时期，庐山成为佛教的一个重要中心，佛教徒在山中栽种茶树，因此，庐山云雾是茶禅相通的佳作。对于此茶，唐宋两代文人墨客多有赞颂之作，唐代诗人白居易有："药圃茶园为产业，野麋

图1-5　庐山云雾

15

林鹳是交游。"南宋文学家周必大有"淡薄村村酒,甘香院院茶"的诗句。庐山云雾从明代开始生产,很快闻名全国。明代万历年间李日华的《紫桃轩杂缀》记载:"匡庐绝顶,产茶在云雾蒸蔚中,极有胜韵。"

庐山云雾以条索粗壮、青翠多毫、汤色明亮、叶嫩匀齐、香高持久、醇厚味甘"六绝"而闻名。成品茶外形饱满秀丽,色泽碧嫩光滑,芽隐露,茶汤幽香如兰,耐冲泡,饮后回甘香绵。仔细品尝,其色如沱茶,却比沱茶清淡,宛若碧玉盛于碗中。如用庐山的山泉水泡茶饮用,会更加香醇可口。由于受庐山凉爽多雾的气候及日光照射时间短等自然条件的影响,庐山云雾茶形成了叶厚、毫多、醇甘耐泡,含单宁、芳香油类和维生素较多等特点。

1971年,庐山云雾被列为中国绿茶类的特种名茶;1982年,在江西茶叶评比中,名列江西八大名茶之首;同年,全国名茶评比又被定为中国名茶。

第二节　毫金汤红——红茶

红茶为全发酵茶,选取适宜的茶树新芽叶为原料,经萎凋、揉捻、发酵、干燥等工艺精制而成。由于色泽和茶汤以红色为主调,因此名为"红茶",并具有红汤、红叶和香甜味醇的特征。红茶是世界人民最喜爱的饮料之一,是生产、销量最多的一个茶类,国际贸易量高达70多万吨,我国生产的红茶大部分外销,随着人民生活水平的逐步提高,红茶的消费量也在不断增加。我国生产红茶的地区有云南、四川、湖南、广东、广西、福建、安徽、江苏、浙江、江西、湖北、贵州和台湾。红茶的名字大多是以产地来命名的，如产在云南的红茶一般称为"滇红"，产在四川的一般称为"川红"，产在湖北的一般称为"宜红"，产在江西的一般称为"宁红"，等等。传统工夫红茶最有名的是安徽祁门的红茶，称为"祁红"。红茶的主要品种有小种红茶、工夫红茶和红碎茶。

一、祁门红茶

祁门红茶是中国历史名茶，红茶精品，简称"祁红"，有着百年的生产历史。据记载，清光绪元年（1875）县人余干臣，从福建罢官回原籍经商，仿制"闽红"制作红茶。1876年到祁门，设立茶庄，扩大收购。在贵溪一带也有人试制红茶成功，由于茶价高、销路好，人们纷纷效仿，形成现在的"祁门红茶"。国外把祁门红茶与印度的大吉岭茶、斯里兰卡乌伐的季节茶，并称世界三大高香茶。祁门红茶这种地域性香气被称为"祁门香"，也被誉为"王子茶""茶中英豪""群芳最"。祁门红茶在国内外屡获殊荣，1915年获巴拿马国际展览会金奖；1983年我国轻工优质产品评比会上，获国家金奖。祁红的"祁门香"香飘五洲，主要出口英国、荷兰、德国、日本、俄罗斯等几十个国家和地区，多年来祁门红茶一直被列为国事礼茶。

祁门红茶产于安徽省祁门、东至、贵池、石台、黟县，以及江西的浮梁一带，茶叶的自然品质以祁门的历口、闪里、平里一带最优。祁门山区自然环境优越，云雾弥漫，空气湿

图2-1　祁门红茶

润，极宜茶树生长，品种亦极为优良，又以8月所采收的品质最佳，经精工细作，更显其独特魅力。祁红采制工艺精细，采摘一芽二三叶的芽叶作原料，经过萎凋、揉捻、发酵，芽叶由绿色变成紫铜红色，香气透发，然后文火烘焙至干。红毛茶制成之后，还需要进行精制，精制工序复杂花工夫。祁门红茶外形条索紧细，苗秀显毫，色泽乌润；茶叶香气清香持久，似果香、似兰花、似蜜，这种迷人的香气就是祁门香，汤色红艳透明，叶底鲜红明亮，滋味醇厚，回味悠长。清饮最能品味祁红的香气，添加鲜奶调饮亦不失其香醇。

二、滇红

滇红是云南红茶的统称，分为滇红工夫茶和滇红碎茶两种。其中又以滇红工夫茶最为著名。滇红产区主要为云南澜沧江沿岸的临沧、保山、思茅、西双版纳、德宏、红河六个州的二十多个县。这里被称为"生物优生地带"，

图2-2 滇红

自然环境优越。因此，这里的茶树高大，产出的茶叶芽壮叶肥、白毫茂密，是我国工夫红茶中的新品种。

滇红工夫茶的品质会随季节而变化。春茶最佳，条索肥硕、身骨重实、净度好、叶底嫩匀；夏茶正值雨季，芽叶生长快、节间长，虽芽毫显露，但净度较低，叶底杂硬；秋茶茶树生长代谢作用转弱，嫩度不及春茶、夏茶。滇红工夫茶采摘一芽二三叶的芽叶为原料，经萎凋、揉捻、发

酵、干燥而制成；滇红碎茶是经萎凋、揉捻、发酵、干燥而制成。滇红工夫茶是条形茶，滇红碎茶是颗粒形碎茶。

滇红工夫茶的最大特征是，茸毫显露，毫色分淡黄色、菊黄、金黄。凤庆、云昌等地生产的滇红工夫茶毫色呈菊黄；临沧、勐海等地产的毫色则是金黄。滇红工夫茶的另一大特征是香味浓郁，其品质最优的是滇红特级礼茶，成品茶外形条索紧直、肥硕壮大，苗峰秀丽完整，金毫多显露，色泽乌黑油润，冲泡后汤色红浓艳亮，香气鲜郁高长，滋味浓厚鲜爽，叶底红匀明亮。

三、正山小种

正山小种是世界红茶的鼻祖，因为在其之后面世的祁门红茶、阿萨姆红茶、大吉岭红茶、锡兰高地红茶四大世界知名红茶没有哪一款比它的内涵更丰富。此茶繁荣于17世纪，由于正山小种红茶茶味浓郁、独特，在国际市

图2-3 正山小种

场上备受欢迎，远销英国、荷兰、法国等地。在相当长一段时间里，正山小种是英国皇家及欧洲王室贵族享用的特种茶。即便现在，它在国外的价格与普通红茶相比较也是很昂贵的。正山小种产于武夷山市星村乡桐木关一带，独特的自然气候使正山小种茶叶具有精良天然的内质，加上其采

取全发酵、松香烘青、焙干等区别于乌龙茶的特别工艺，形成了形、色、香、味别具一格的品质。正山小种红茶外形条索肥实，紧结圆直，色泽乌润，冲水后汤色艳红，经久耐泡，滋味醇厚，似桂圆汤味，气味芬芳浓烈，以醇馥的烟香和桂圆汤、蜜枣味为其主要品质特色。如加入牛奶，茶香不减，形成糖浆色奶茶，液色更为绚丽。除此之外，武夷山周边的政和、坦洋、北岭、屏南、古田、沙县，以及江西铅山等地仿照正山品质所产的小种红茶，质地较正山差，统称为"外山小种"或"人工小种"。

第三节　绿叶镶红边——乌龙茶

乌龙茶又称青茶，综合绿茶和红茶的制法，其品质介于绿茶和红茶之间，既有红茶的浓醇鲜味，又有绿茶的清爽，因其发酵程度介于绿茶和红茶之间，故称为"半发酵茶"。

乌龙茶外形特征：紧结型、半紧结型的球形和条索形，茶叶外形较粗壮，色泽由砂绿至乌褐，油润的为上品。现代乌龙茶在加工过程中，特别注重提高茶汤

图3-1　文山包种

的花香味，尤其是清香型的铁观音，追求清汤叶绿的品质。叶底青绿、叶缘碎、茶汤香气高扬、滋味甘鲜醇厚、令人回味无穷。冲泡后叶底呈"绿叶红镶边"，属半发酵茶类。

其中属轻度发酵的乌龙茶如文山包种，属中度发酵的乌龙茶如铁观音，属重度发酵的乌龙茶如白毫乌龙等。不同类型乌龙茶的品质审评要点有所不同。条索状乌龙茶外形粗壮，一般不讲究外形的细紧程度，审评要点在内质，特点是香气的高低和持久程度。半颗粒形与颗粒形乌龙茶，多数属轻度和中度发酵的乌龙茶，既要讲究外形的紧结度、色泽青褐鲜活程度，同时更讲究香气的清高、花香的明显程度。优质的茶应该是香气高长，花香突出。重度发酵的乌龙茶如我国台湾地区的白毫乌龙，其中著名的有"东方美人"，外形要求白毫显露，条索细嫩，开汤品尝有蜜糖香味。

一、安溪铁观音

产于福建安溪西坪镇、尧阳山麓。外形卷曲呈螺旋形，肥壮圆结，沉重匀整，色泽砂绿油润，具有蜻蜓头、螺旋体、青蛙腿、砂绿带白霜、青腹绿底俗称"香蕉色"的特征；内质汤色金黄，浓艳清澈，

图3-2　铁观音

泡饮时香气馥郁芬芳，香气持久，有天然的兰花香，滋味浓厚甘鲜，回味悠长，有"香、清、甘、活"的品质特征，有"七泡有余香"之誉，俗称"观音韵"。铁观音叶底肥厚明亮，呈绸面光亮。铁观音的品种有其独特的

叶形，有经验的喝茶
人，可以轻易地从叶底
上看出是否混有毛蟹、
本山或者黄金桂等其他
品种。如果有绿叶红镶
边的传统铁观音，那么
叶底一下子就能让人兴
奋。可惜，费工的三红
七绿铁观音已经不多见
了。我们在铁观音的叶

图3-3 铁观音

底，多看到的是绿色，属于削青或是拖酸的茶。这些茶多在空调房中制
作，香气较飘，不聚不实。对大部分注重茶叶品质的茶客而言，还是喜欢
喝正做的茶，这些茶对胃有好处。正做的铁观音，其叶底相对要偏黄一
些，表示发酵程度人们的接受度更高。好的铁观音叶底，摸起来就像绸
缎。有些茶人，一看叶底就知道茶树是两三年的新丛还是六七年的老丛。
陈年的铁观音，有卷曲状的，也有条索状的，条索状的年份更久远。查看
叶底的时候，可以根据其工艺来判断相应的生产年代。

二、大红袍

　　大红袍是福建省武夷岩茶（乌龙茶）中的名丛珍品，是武夷岩茶中品
质最优异的，产于福建的武夷山。武夷大红袍，是中国名茶中的奇葩，有
"茶中状元"之称，是武夷岩茶中的"王者"，堪称国宝。武夷岩茶是对产
于福建省武夷山的乌龙茶的统称。武夷岩茶花色品种繁多，一般都以茶树
品种的名称命名，茶叶品质也与茶树品种密切相关。普通品种的茶树称为
"菜茶"，从菜茶中选育出的优良单株称为"单枞"，从单枞中选出的极优

品种称为"名枞"。武夷大红袍便属于品种特优的"名枞",它的采制历程至今约有300年。大红袍生长在武夷山峭壁上,岩壁上至今仍保留着1927年天心寺和尚所作的"大红袍"石刻,这里日照短、多反射光、昼夜温差大,岩顶终年有细泉浸润流滴。这种特殊的自然环境,造就了大红袍的特异品质。大红袍茶树现在只有3株,都是灌木茶丛,叶质较厚,芽头微微泛红,在早春茶芽萌发时,从远处望去,整棵树艳红似火,仿佛披着红色的袍子。如今,这3棵树的树龄已有千年,堪称稀世珍宝。大红袍茶树为灌木型,树冠稍稍展开,分枝比较密集,叶梢向上斜着伸展开去,叶子是宽的椭圆形,尖端稍钝向下垂着,边缘则往里翻卷,叶子颜色深绿有光泽,如果是新芽,则深绿带紫,露出毛茸茸的叶毫来。大红袍的采摘在每年夏天,采摘时需要高高架起云梯,采摘3~4叶开面的新梢,数量极为稀少。采摘后再经晒青、凉青、做青、炒青、初揉、复炒、复揉、走焙水、簸拣、摊凉、捡剔、复焙、再簸拣、补火等多道工艺,均由手工操作精制而成。

图3-4 大红袍

大红袍外形条索紧实，色泽绿褐油润；内质汤色红黄明亮，叶底红绿相间，具有明显的"绿叶红镶边"之美感。大红袍最突出的是它香气馥郁似桂花香，岩韵显露，香味独特，滋味醇厚回甘，饮后齿颊留香。很耐冲泡，冲泡七八次后仍能感觉到原茶具有的桂花香味。因此，必须按"工夫茶"品饮程式，才能真正品尝到岩茶的韵味。

三、冻顶乌龙

冻顶乌龙是我国台湾地区出产的乌龙珍品，与包种茶合称"姐妹茶"，其制法近似青心乌龙，但味更醇厚，喉韵强劲，高香尤浓。因产于台湾南投县鹿谷乡冻顶山麓一带，故名"冻顶乌龙"。冻顶山是凤凰山的支脉，海拔700米，年均气温20℃左右。传说山上种茶，因雨多山高路滑，山上的茶农

图3-5 阿里山茶

必须绷紧脚尖（冻脚尖）才能到山顶，故称此山为"冻顶山"。冻顶产茶历史悠久，据《台湾通史》记载："台湾产茶，其来已久，旧志称水沙连（今南投县埔里、日月潭、水里、竹山等地）社茶，色如松罗，能避瘴祛暑。"冻顶乌龙茶采制工艺十分讲究，鲜叶为青心乌龙等良种芽叶，经晒青、凉青、摇青、炒青、揉捻、初烘、多次反复团揉（包揉）、复烘、焙火而制成。冻顶乌龙茶的品质以春茶最好，所制茶叶香高味浓、茶色明艳；秋茶次之；夏茶品质最差。

冻顶乌龙茶成茶外形呈条索状半球形，紧结整齐，叶尖卷曲呈虾球

状，白毫显露，色泽新鲜墨绿，并带有青蛙皮般的灰白点，干茶具有强烈的芳香；冲泡后，茶叶自然冲顶壶盖，内质汤色金黄澄清明丽，清香扑鼻，近似桂花香且略带焦糖香，叶底柔嫩稍透明，叶身淡，叶缘呈锯齿状，带有红边，茶汤入口生津富活性，滋味圆滑醇厚，入喉甘润，韵味无穷，且经久耐泡，饮后杯底不留残渣。冻顶乌龙茶以其品质优异、色香味俱佳的特点而蜚声遐迩，成为台湾茶的一大代表。凡涉足台湾茶者，言必称冻顶乌龙，产品等级分为特选、春、冬、梅、兰、竹、菊。老式冻顶茶制法极具风格，香气稳重，喉韵十足。

第四节　黄叶黄汤——黄茶

黄茶为轻发酵茶，其基本加工工艺近似绿茶，但在制茶过程中多了一道"闷黄"工序，因此具有色黄、汤黄、叶底黄的特点。黄茶中湖南岳阳洞庭湖君山岛上的君山银针被誉为"黄茶中的极品"。黄茶的香味清悦醇和，因品种和加工工艺的不同，形状有明显的差别。评色泽比黄色的枯润、暗鲜等，以金黄色鲜润为优，色枯、暗为差。评硬度比梗、片、末及非茶类夹杂物含量。内质汤

图4-1　黄大茶

色以汤黄明亮为优，黄暗或黄浊为次；香气以清悦为优，有闷气为差；滋味以醇和鲜爽、回甘、收敛性弱为好，苦、涩、淡、闷为次；叶底以芽叶肥壮、匀整、黄色鲜亮为好，芽叶瘦薄黄暗为次。黄茶是我国的特种茶类，主要产于四川、湖南、湖北、浙江、安徽等省。其生产历史悠久，早在明朝《茶疏》中就有黄茶生产采制品尝的记载，距今已有400多年的历史。

黄茶的品种很多，按茶叶的老嫩程度及采制芽叶标准不同可分为黄小茶和黄大茶两大品类，按产地不同又可分为不同的品种。四川的蒙顶黄芽、湖南的君山银针、湖北鹿苑茶等都是采用一芽一二叶的细嫩芽叶加工而成，属于黄小茶。安徽霍山黄芽、湖北英山等地生产的黄茶采用一芽四五叶的粗壮梗叶原料加工而成，均属于黄大茶。

一、君山银针

产于湖南省洞庭湖中的君山银针，是黄茶中的珍品，以色、香、味、形俱佳而著称。君山产茶历史悠久，唐代就已生产且著名。到了后梁被奉为贡茶，以后历代相袭，乾隆皇帝也曾对其十分赞许。君山银针成品茶芽头茁壮，长短大小均匀，茶芽内面呈金色，外层白毫显露完整，而且包裹坚实，茶芽形似一条条银针，因此得名。也曾因茶叶满披茸毛，底色金黄，冲泡后如黄色羽毛一样根根竖立而一度被称为"黄翎毛"；又因内呈橙黄色，外裹一层白毫，还得名"金镶玉"。君山银针在茶树刚冒出芽头时采摘，经过十几道工序制成。其采制要求很高，比如，采摘茶叶的时间只能在清明前后7~10天内，还规定了9种情况不能采摘，即雨天、风霜天、虫伤、细瘦、弯曲、空心、茶芽开口、茶芽发紫、不合尺寸。

君山银针是一种较为特殊的黄茶，它有幽香、有醇味，具有茶的所有特性。在冲泡君山银针时，以清澈的山泉水冲泡最佳，茶具最好选用透明的玻璃杯。冲泡后芽头陆续竖立杯中，根根银针直立向上，宛如春笋出

土，几番飞舞后徐徐下沉，部分芽头能上下沉浮，形成"三起三落"的景观。汤色明亮，香气高爽，滋味甘醇，入口清香沁人，虽久置而其味不变。

二、蒙顶黄芽

蒙顶黄芽是黄茶中的极品，产于四川省蒙顶山。蒙山终年烟雨蒙蒙，云雾茫茫，肥沃的土壤，优越的环境，为蒙顶黄芽的生长提供了极为有利的条件。蒙顶茶栽培始于西汉，距今已有2000余年的历史了，唐至明清一直是朝廷贡品，后被评为全国

图4-2　蒙顶黄芽

十大名茶之一。蒙顶茶于春分时采摘，选采肥壮的芽和一芽一叶初展的芽头，以鳞片开展的圆肥单芽为原料。制作工艺分杀青、初包（包黄）、复炒、复包、三炒、堆积摊放、四炒、烘焙等工序。芽叶由于特嫩，制作要求非常精细。其品质特点是外形扁直，芽匀整齐，鲜嫩显毫；内质汤黄而碧，香气甜香浓郁，黄绿明亮，味甘而醇，叶底全芽嫩黄。

三、莫干黄芽

莫干黄芽是黄茶的一种，产自浙江省德清县的莫干山。莫干山是天目山脉的支脉，传说因春秋末年干将、镆铘在此山铸剑，因此得名。这里群山环抱、竹木交荫、山泉秀丽、飞瀑如练，以"竹、云、泉"和"清、静、绿、凉"誉声中外，山上常年云雾弥漫、空气湿润、清幽迷人。茶园内的土质多为酸性的灰、黄色土壤，土质深厚、腐殖质丰富、松软肥沃，为茶

树的生长创造了极为优越的条件。莫干山产茶历史久远，早在晋时就有僧侣上山造庵种茶。到宋朝时，莫干山的茶树种植已经非常普遍了。直到清朝，莫干山茶叶的制造水平已经达到了很高的程度。有《莫干山志》记载："莫干山茶的采制极为精细，在清明前后采制的称为芽茶。因嫩芽色泽微黄，茶农在烘焙时因势利导，加盖略闷，低温长烘，香味特佳，称为莫干黄芽。"

莫干黄芽的采摘要求很严格，采摘时间有清明前后，夏初，7、8月及10月。所采的茶分别叫作"芽茶""梅尖""秋白"和"小春"。其中，春茶又有芽茶、毛尖、明前及雨前之分，以芽茶最为细嫩，而清明与谷雨之间采摘的一芽一二叶最为名贵。成品茶外形紧细成条、酷似莲心、芽叶完整肥壮、净度良好、多显茸毫、色泽绿润微黄、香气清高持久、滋味鲜爽浓醇。其品质特征不在于色黄，而在于香气芳烈、滋味鲜爽。冲泡后的茶，朵朵雀舌起落，汤色黄绿清澈，叶底嫩黄成朵，形态十分优美。

第五节　银毫裹白——白茶

白茶是我国茶类中的特殊珍品，因为芽头满披白毫、如银似雪，所以得名"白茶"。白茶的历史十分悠久，迄今已有近900年。白茶的主要产区为福建省的一些县市，这些地区常年气候温和、雨量充沛。山地多以红、黄色土壤为主，酸度适宜，适合白茶的生长。

白茶为微发酵茶。成品茶的品质特征：外形呈自然状，芽叶肥壮、满披白毫；茶汤汤色浅黄、香气自然、清香爽口。白茶中最著名的是福建的白毫银针。在外形的评赏上，主要评嫩度、色泽、形状和净度。嫩度上，白毫银针看芽头的肥瘦，白牡丹等则看毫心的肥瘦、含量以及叶质厚薄，毫心肥壮、含量多、叶质肥软者为佳。色泽上毫心银白光润、叶面灰绿、叶背银白，谓之银芽绿叶、白底绿面，此为上品。在形状上，芽叶连枝、叶尖上翘者为佳。叶片摊开、褶皱、弯曲、卷缩者差。在净度上，要求不含老梗、黄片及其他夹杂物。在内质香气上，以毫香清鲜、高长为佳，滋味鲜爽、醇厚回甜者为上，粗涩淡薄者为下；汤色杏黄、淡黄、清澈明亮者为佳，红暗、浑浊者为差；叶底灰绿、肥嫩、匀整为好，暗杂、花红、黄张等为下。白茶性凉，具有清凉、消炎、消暑的作用。

一、白毫银针

白毫银针产于福建省福鼎市与政和县。外形芽针肥壮，满披白毫；内质汤色清澈晶亮，呈浅杏黄色，香气清鲜，毫香显露，滋味鲜爽微甜，叶底银白、芽针完整，因鲜叶原料全部是茶芽，制成成品茶后，以形状似针，色白如银而得名，是白茶中的极品。

图5-1 白毫银针

图5-2 白毫银针

白毫银针由于产地不同，制法和品质略有差异。福鼎白毫银针旧时称为"北路银针"。据说，陆羽《茶经》中所载"永嘉县东三百里有白茶山"，指的就是福鼎太姥山。而产于福建政和的大白茶，被称为"南路银针"，外形粗壮，芽长，毫毛略薄，光泽不如北路银针，但香气清鲜，滋味浓厚。白毫银针其针状成品茶，长3厘米许，以透明玻璃杯品饮，用上投法冲泡，初为"银霜满地"，后茶芽吸水，白云疑光闪，沉浮错落有致，条条挺立，上下交错，望之如石乳，蔚为奇观。

二、白牡丹

白牡丹是我国白茶名苑中的又一珍贵品种。因为它的绿叶夹着银白色的毫心，形状好似花朵，冲泡后绿叶又托着嫩芽，宛若牡丹的蓓蕾初放，因此得名"白牡丹"。白牡丹茶于1922年创制于福建省建阳的水吉。水吉原属于建瓯市，据《建瓯县志》记载："白毫茶出西乡、紫溪二里……约三十里。"此后，政和地区也开始产制白牡丹，并逐渐成为白牡丹茶的主要产区。目前，白牡丹茶广泛分布于福建省政和、建阳、松溪、福鼎等地。

白牡丹的原料要求白毫明显，芽叶鲜嫩，采自政和大白茶、福鼎大白茶及水仙等优良的茶树品种。传统的采摘标准是第一轮嫩茶梢采摘下一芽二叶，芽与叶的长度基本相等，并且要求具备"三白"，即芽及两叶满披白色茸毛。夏秋两季茶芽较瘦，因而不适宜采摘制作白牡丹。白牡丹的制作工艺不需要经过炒揉，只有萎凋及焙干两道工序，但工艺精细，较难掌握。制作工艺最关键之处在于萎凋，以室内自然萎凋的

图5-3 白牡丹

品质为最佳。萎凋后的茶芽经过焙干，就制成了白牡丹的毛茶，毛茶制成后再经过低温焙干成为成品茶。但是烘焙的火候要把握好，如果过高茶香味欠鲜爽，不足则会香味平淡。

白牡丹成茶两叶抱一芽，毫心肥壮，叶态自然，干茶叶面色泽呈深灰绿色或暗青苔色，叶张肥嫩，呈波纹隆起。叶背遍布白茸毛，叶缘向叶背微卷曲，芽叶连枝。冲泡后汤色杏黄或橙黄，清澈明亮，叶底浅灰，滋味清醇微甜，毫香鲜嫩持久，叶脉微红醇，布于绿叶之中，有"红装素裹"之誉。

三、贡眉

贡眉有时也称寿眉，是白茶中产量最高的一个品种，其产量约占总产量的一半。贡眉的产区主要在福建省的建阳区，目前在建瓯市、浦城县也有生产。贡眉由菜茶茶树的芽叶制成，这种用菜茶芽叶制成的毛茶称为"小白"，

图5-4　贡眉

区别于福鼎大白茶、政和大白茶茶树芽叶制成的"大白"毛茶。菜茶的茶芽曾经被用来制作白毫银针和白牡丹，而小白就用来制作贡眉了。因此，"贡眉"表示上品，其质量优于寿眉，但近年来都只称贡眉，而不再称寿眉了。

贡眉的茶芽肥壮长大，鲜叶采摘标准为一芽二叶至一芽三叶，要求茶芽中含有嫩芽、壮芽，并且在春茶嫩梢萌发时采摘下来，用手指将真叶、

鱼叶轻轻予以剥离。剥出的茶芽经萎凋、焙干后为毛针，精制后成茶。贡眉的制作工艺分为初制和精制，其制作方法与白牡丹的制作方法基本相同。贡眉色灰绿带黄，优质的贡眉毫心明显，略露银白色，茸毫色白且多，冲泡后茶汤呈橙黄色或深黄色，叶底匀整、柔软、鲜亮，叶片迎光看去可透视出主脉的红色。品饮时茶味清香、甜爽可口、滋味醇爽、香气鲜醇。

第六节　香陈色沉——黑茶

　　黑茶，因其茶色为黑褐色而得名，是我国特有的茶类，生产历史悠久，最早的黑茶是四川生产的，由绿茶的毛茶经蒸压而成。由于当时交通不便，四川的茶叶要想运输到西北地区必须减少茶叶体积，将茶蒸压成块。在加工的过程中，由于堆积发酵的时间较长，茶叶中的多酚类物质进行充分氧化，毛茶色泽逐渐由绿变黑，茶叶色泽成为黑褐色，形成了茶汤黄中带红、香味醇和的独特风味。

　　黑茶为后发酵茶。黑茶叶色油黑或黑褐，香味醇厚，汤色黄中带红，干茶和叶底带有暗褐色。黑茶的评审与绿茶相同，外形以评嫩度、条索为主，兼评净度、色泽和干香。嫩度评比叶质的老嫩、叶尖的多少，条索评比松紧、弯曲、圆扁、轻重，以条索紧卷、圆直为上，松扁、轻飘为次。净度看黄梗、浮叶和其他夹杂物的含量。色泽看颜色枯润、纯紧，以油黑为好，花杂、铁板色为差。嗅干香以区别纯正、高低，有无火候香和扑鼻的松烟香味，以有火候香和松烟香为好；火候不足，烟气太重为次；粗老气、香低和日晒气为差，有烂、馊、霉、焦等气味，程度高为极差。汤色以橙黄明亮为好，粗、淡、苦、涩为差。叶底评嫩度与色泽，以黄褐带青，色一致，叶张开展，无乌暗条为好，色红绿花杂为差。

各种黑茶压制茶有砖茶、饼茶、沱茶、六堡茶等。较著名的有云南的普洱茶，湖南的花砖、黑砖、茯砖、天尖、贡尖，湖北的老青砖，广西的六堡茶，四川的方包、金尖和康砖，等等。目前，黑茶主要产区在湖南、湖北、四川、云南、广西等地，消费区域主要是在我国边疆少数民族地区，如内蒙古、西藏、青海、新疆等地。

一、普洱茶

普洱是个地名。清朝雍正年间设置普洱府，管辖区域是现在的思茅、西双版纳和临沧部分地区。普洱府是贸易重镇，产于滇南的茶叶均集散于普洱府，然后再由马帮通过茶马古道运销到各地。普洱茶由普洱府得名。传统普洱茶即自然发酵后的普洱茶，以云南大叶种晒青毛茶为原料，直接储放或蒸压而成各种造型紧压茶。特点是需要存放一定时间才能形成普洱茶甘、顺、滑、醇厚、陈香的品质特点。现代普洱茶，即人工后发酵的普洱茶，也称熟茶或熟普，以云南大叶种制成的晒青绿茶为原料，经过适度泼水、渥堆，形成的散茶和紧压茶，成品能达到陈香的品质。高品质的普

图6-1 普洱茶饼

洱茶，不仅有品饮价值，还具有收藏价值。好的普洱茶首先原料要好，必须是乔木型云南大叶种茶，干茶外形完整、色泽棕褐有润、无异杂，紧压茶要求形状匀整、模纹清晰、松紧适度，经沸水多次冲泡，其色、香、味变化不大，汤色清

澈红浓透亮，陈香显露、纯正，滋味甜纯顺滑，舌根生津，茶气足正，即好的普洱茶。

普洱茶有生茶和熟茶之分。辨别生茶和熟茶主要从外形、口感、汤色、叶底及制作工艺几个方面来鉴别。

首先，外形区别。生普洱茶也称青饼，茶饼中茶叶以青绿、墨绿色为主，有部分转为黄红色，白色为芽头。熟茶也称熟饼，茶饼中茶叶颜色为黑或红褐色，有些芽茶则是暗金色，有浓浓的渥堆味，类似于霉味，发酵轻者有类似龙眼的味道，发酵重者有闷湿的草席味。

其次，口感的区别。生茶口感强烈，茶气足，茶汤清香，苦而带涩。但好的茶是苦能回甘、涩能生津，如果一直有苦涩味散不了，此茶的品质较次或根本不是普洱茶。熟茶浓稠水甜，几乎不苦涩（半生熟的除外），有渥堆味，略带水味。

再次，汤色的区别。生茶呈青黄色或金黄色，较透亮；熟茶呈栗红色或暗红色，微透亮。

从次，叶底的区别。生茶新制茶品以黄绿色、暗绿色为主，活性高，较柔韧，有弹性，无杂色，有条有形，展开仍然保持整叶状的为好茶（当然不是主要依据，还需要根据茶叶产地、种类不同而定）；熟茶渥堆发酵程度较轻，叶底是红棕色但不柔韧，重发酵者叶底多呈深褐色或黑色，硬而易碎。

最后，制作工艺区别。生茶是鲜叶采摘后经杀青—揉捻—晒干成为生散茶，或叫晒青毛茶。把晒青毛茶进行高温蒸，放入固定模具定型，晒干后成为紧压茶品，也就成了生饼，或各类型的砖沱。

而熟茶是鲜叶采摘后经杀青—揉捻—晒干，即为生散茶，或叫晒青毛茶，晒青毛茶经人工快速催熟发酵和洒水渥堆工序，即熟散茶。

图6-2　熟普散茶

图6-3　生普茶饼

生普洱茶富含茶多酚，性凉，有清热解毒、消暑减肥、生津止渴、消食通便等功效。熟茶有暖胃、减肥、降脂、防止动脉硬化、降血压血糖等功效。

二、茯砖茶

茯砖茶是最具特色的黑茶产品。"自古岭北不植茶，唯有泾阳出砖茶。"泾阳茯砖茶，距今已有近千年的历史，兴于宋，盛于明清和民国时期，数百年来与粮、奶、肉一起，成为西北地区少数民族生活的必需品。泾阳茯砖茶是历史上历朝历代用于"茶马交

图6-4　茯砖茶

易"的主要茶品，被誉为"中国古丝绸之路上的神秘之茶"。泾阳位于岭北，本不植茶，但泾阳位处关中腹地，自古是三辅名区，也是南茶北上必经之地。因此，从汉代开始，泾阳就成了"官引茶"到塞外的集散地。在

漫长的集散、加工、制作岁月中，茶商在不经意间发现加工之茶中长出"金花"，因"金花菌"在黑毛茶的二次发酵中生长繁殖，极大地改变和提高了原有黑毛茶的品质，从而形成了茯茶独有的风格。茶商们在此基础上，不断探索、总结、完善制作工艺，然后进行定型，形成了泾阳独有的茯砖茶品。

在所有的茶品中，泾阳茯砖茶是唯一在生长繁殖中产生益霉菌——"金花菌"（生物学家定名为"冠突散囊菌"）的茶叶。这是泾阳茯砖茶的独特之处，因此形成了泾阳茯砖茶的独特风格。泾阳茯砖茶茶体紧结，色泽黑褐油润，金花茂盛，菌香四溢，茶汤橙红透亮，滋味醇厚悠长，适合高寒地带及高脂饮食地区人群饮用。特别是对居住在沙漠、戈壁、高原等地区，主食以牛肉、羊肉、奶酪为主的游牧民族来说，在缺少蔬菜水果的情况下，茯砖茶是不可缺少的生活必需品。茯砖茶分为特制茯砖和普通茯砖，砖面平整，棱角分明，厚薄一致，发花普通茂盛。特制茯砖面为黑褐色，普通茯砖面为黄褐色，香气纯正，汤色橙黄。

三、六堡茶

六堡茶因产于广西苍梧县六堡乡而得名，距今已有1500余年的生产历史了。苍梧县的六堡乡位于北回归线北侧，年均气温21.2℃，年降雨量1500毫米，无霜期33天，海拔1000~1500米，坡度较大。茶叶多种植在山腰和峡谷，那里溪流纵横，山清水秀，日照短，终年云雾缭绕，

图6-5　六堡茶

适合茶叶生长。

六堡茶成品有制成块状的，也有制成砖状、金钱状的，如"四金钱"，还有散状的；耐于久藏，越陈越好。所以常用"陈六堡""不计年"为商标。六堡茶在晾置陈化后，茶叶中有"发金花"的，即生有金花菌的最受欢迎。金花菌能分泌多种酶，使茶叶物质加速转化，让茶叶汤色变棕红，消除粗青味，形成特殊风味，其药效也较显著。在六堡茶的传统工艺中，散茶系摘取一芽二三叶的春茶，经杀青、揉捻、渥堆、复揉、干燥五道工序而成。一般而言，六堡茶的色泽黑褐光润，开汤则红浓，香气醇陈，最独特的是它带有松烟味和槟榔味，令人印象深刻。出现这种香味主要是由于茶叶是以松柴明火烘焙的，一般分毛火和足火两道。不像普洱茶，是太阳晒出来的。在民间，人们常把储存多年的陈六堡茶用于治疗痢疾、除瘴、解毒，也曾远销马来西亚等地。在广西梧州，新的六堡茶或十多年的六堡茶还属多见，然而老茶却比较稀少了。现在市面上常见的六堡茶，除了汤色之外，工艺往往不如之前那般细致。

第二章　顺洄从之——茶艺历史溯源

茶艺是一种生活方式，是在一定的历史时期与社会条件下，人们对渗透在日常生活中的饮茶内容表达出的活动形式与行为特征。因此，以饮茶法存在于日常生活中的茶艺，必然会受到各个时代不同的技术和思潮的影响，从而构成了不同时代茶艺特有的形式特征，也折射出一个时代的面貌。饮茶法虽有各个时代的特征，但由于日常生活的稳定性，其从本质上来说又几乎是一脉相承的，也正是这一点，使对日常生活中饮茶法的研究历久弥新。中华民族作为世界茶文化研究的基石，是世界上最早利用茶的民族，中国茶艺亦有漫长的发展历史。厘清中国茶艺的嬗变，可以昭体而晓变，从而对世界饮茶文化的基型有概括的认识，对现代茶艺文化的来龙去脉，有正本清源的效果。在历史沿革的基础上，了解茶艺的变迁，了解各朝各代饮茶法形成的始末，可以帮助我们更充分地了解茶艺内容。历代茶艺大致经历了芼茶法、煎茶法、点茶法、沏茶法四个阶段，简称"茶史四艺"。在元末明初出现过末茶法，在茶品上以叶茶研磨成末，代替宋代点茶法茶品的团茶之末，其他茶艺方式均为一致，所以本质上与宋代点茶法同归一类。我们将通过断代叙述来逐一分析历代茶艺的主流及其变革。

第一节　芼茶法——唐代以前的饮茶

中国饮茶可上推到神农，也可溯源至三代，史料稽考极为不易。在先秦文献和考古文物出现之前，《晏子春秋》中讲："婴相齐景公时，食脱粟之饭，炙三弋五卵，茗菜而已。"晏婴（？—前500），春秋时齐国大夫，字平仲，春秋时齐国夷维（今山东高密）人，继承父（桓子）职为齐卿，后相齐景公，以节俭力行，善于辞令，名显诸侯，《史记》中有传。

有人指出，"茗"应是苔菜之物。山东诸城邾国故城遗址发现的原始青瓷碗中出现了植物残渣，经过科学检测，认定碗内遗存的是煮过或泡过的茶叶残渣，这些残渣遗留在了青瓷碗里。研究人员还认为，不管是茶叶，还是原始青瓷碗，都是从吴越之地贸易过来的，这是目前发现最早的茶叶实物遗存。这个发现可以解释《晏子春秋》中的"茗菜"到底是茗菜还是苔菜。邾国古城遗址发现的茶叶，其出现时间与晏婴记载的时间比较接近，所以能为研究先秦时期的相关文献起到文物证史的作用。秦汉时期陆续出土的文物，使我们对这一时期的茶文化历史有了更多的了解。

目前，对于中华民族开始饮茶的确切时间多有争议，较为保守的说法是秦汉之际，虽然唐代以前的茶文化史料现存有限，但是饮茶方法已经相当多元化了，我们甚至可以说，后代的饮茶雏形大抵赅备。

唐代以前的茶品，可能是叶茶、饼茶和调和饼茶同时并存；茶汤制作以茗茶法为主；品饮方式则是品茗、茶果、分茶、茗茶四大类型兼而有之。

一、茗茶、茶、无酒茶

《尔雅》大约成书于秦汉，是中国最早的字书，它在卷九里曾提及"槚，苦荼"，唐代以前的"茶"字均假借"荼"字，可见在秦汉时代，茶是一种味苦植物。

根据西晋郭义恭《广志》（大约成书于270年）记载，唐以前的茶品制作方式及类型可分成三类："茶，丛生。直煮饮为茗茶。茱萸、橄子之属，膏煎之。或以茱萸煮脯，冒汁为之曰茶。有赤色者，亦米和膏煎，曰

无酒茶。"所以在当时有"茗茶""荼""无酒茶"之称。

第一类的"茗茶"指纯茶，不杂和他物。晋代的刘琨称之为"真茶"，"煮"字指煮茶，大致是采摘真茶直接煮饮，当时称这样的茶和茶汤为"茗茶""真茶"。

第二类的"荼"是指在茶里加入了茱萸、橄子之类，可归于调和茶。制作方法有两种：其一是煎煮茝茶，调和茱萸、橄子，煎煮成为膏状；其二是调和茝茶，把煮好的茱萸汁冒在茶里。这个"冒"字应该是"茝"字的谐音字或别字。以上两种方式都叫作"荼"，基本是当时的主流饮茶方式。文中没有提及"荼"是叶茶还是饼茶，茶叶由于性能不稳定，且芽叶较小，需要一定的加工方式以实现茶品的有效保存，按当时的生产条件，做成饼茶的可能性较大，根据其他文献的记述也可以证明这一点。

第三类的"无酒茶"是在茶品制作时调和米膏，再做成茶干，由于米具有发酵作用，茶品颜色呈赤色且有酒味，因此叫作"无酒茶"。三国时期张揖《广雅》中的记载也与《广志》大致相似，因此"无酒茶"是一种调和饼茶，调和饼茶的记载也证明了当时饼茶已作为通常物出现。根据后来的文献记载，用米膏调和可能是为了去除茶饼（茶叶）的涩味，如果是这样，那么我们也有理由猜想：这一方法是否与当今通过发酵方式来呈现茶叶各种滋味的出发点是相似的？那么这一类茶是否也有可能是当时加工条件下的真茶（发酵茶）饼？但这也仅仅是猜测，目前统一的说法还是认为"无酒茶"是调和饼茶。

二、茶汤制备的特征

从以上看，唐以前的茶品大致分为真茶、荼、调和饼茶这三类。除真茶为清饮之外，荼与调和饼茶都采用调和饮用，构成了当时的主流饮茶法"茝茶法"。茝茶法是以真茶杂和其他食物共同煮熟或浸泡的饮用方式。也就是说，唐以前的加热方式不仅有"茶、水、火"共同煮熟的"煮"茶方式，也有"火"加热"水"后浸泡"茶"的"泡"茶方式。茶汤仍杂和其他食物来制备，这是从食物的"汤""羹"形式过渡到茶汤形式的表现。

唐代以前没有明确区分功用的茶具，往往是和酒具、食具共用。近年在浙江上虞出土了一批东汉时期的瓷器，其中有碗、杯、壶等，但区分仍不是很严格，还是介于食具、酒具和饮具之间，可以作为共用之具。西晋左思的《娇女诗》是茶学界公认有关茶具的最早文字记载，其中有一句："止为茶荈据，吹嘘对鼎立。"左思笔下娇憨的女儿急于饮用茶水，便对着烧水的"鼎"吹气，此处我们可以明确这里的"鼎"当为茶具之用。

依据晋代郭璞《尔雅》注："槚，苦荼。树小如栀子，冬生叶，可煮作羹饮。今呼早采者为荼，晚取者为茗，一名荈，蜀人名之苦荼。"茶在当时有几种称呼：荼、槚、蔎、茗、荈等，苦则是它的基本味道特征。茶汤制备一般采用煮的方式，如同羹饮，张揖《广雅》中记叙得更为详细："荆、巴间采茶作饼成，以米膏出之。若饮先炙，令色赤，捣末置瓷器中，以汤浇覆之，用葱、姜芼之。其饮醒酒，令人不眠。"其意为湖北、四川一带的人喝茶时，把茶饼烤成红色，捣成茶末后放在瓷器里，用汤浇盖饮用；或将茶末与葱姜等食物杂和，放在一起煮。由此可见，茶汤制备有两种加热方式：一种是将其他食物煮汤后浇在茶里；另一种是杂和其他食物煮饮。

唐代以前，真茶清饮的现象已经存在。最典型的是晋代杜育《荈赋》中描绘的文人雅士在茶山采制茗茶、即席煮饮的场景："灵山惟岳，奇产所钟。瞻彼卷阿，实曰夕阳。厥生荈草，弥谷被岗。承丰壤之滋润，受甘露之霄降。月惟初秋，农功少休；结偶同旅，是采是求。水则岷方之注，挹彼清流；器择陶简，出自东瓯。酌之以匏，取式公刘。惟兹初成，沫沉华浮。焕如积雪，晔若春敷。"最后四句诗说明茶汤制成时，茶汤中颗粒

较粗的茶末下沉，较细的茶末精华浮在表面，其光彩如皑皑积雪，明亮如春曦阳光。此诗中描绘的饮茶方式基本可以确定是真茶煎煮清饮，而非上述的茗茶或淹茶，因为茗茶需要添加其他配料，无法出现"沫沉华浮"的现象，淹茶法更是无法出现"焕如积雪，晔若春敷"的茶汤效果。此外，从"沫沉华浮"这一现象来看，所用的茗茶应当是真茶，而非调和茶。这可以说是文人对当时饮茶方式的一种"反动"，因为茗茶、调和茶都有损原味。但这种"反动"也进一步说明了这样的茶品、茶汤和饮茶方式是非主流的、小众的。

总体而言，煮茶在相当长的时间内都是饮茶法的主流，传承至唐代后经过陆羽的适度改良，成为唐代茶汤制备的代表。而泡茶被陆羽以否定的态度称之为淹茶，这从一方面肯定了这一饮茶形式的存在，但也从另一方面表明该制备方式欠成熟，还不能经受当时文化的洗涤和剖析。

唐代以前的茶汤制备、加热方式上大多采用煮茶和泡茶，材料准备上普遍认为需要加调和物或杂和其他食物。这一点是茗茶法的典型特征，也是唐代饮茶法区别前朝的关键。

三、饮茶方式功能兼备

唐代以前的饮茶方式，有文人雅士如《荈赋》中的清野风格，有百姓生活以茶为羹的朴实民俗，也包括社会群体交往的普遍态度。饮茶在待客及群体聚会中有着普遍的社会功能，唐代以前大致出现了"品茗会""分茶宴"和"茶果宴"三种形式的饮茶聚会。另外，饮茶具有药用健体等功能性作用，这成为促使人们普遍饮茶的内在动力，这种普通饮茶的现象在唐以前已基本形成。

（一）以茶聚会

雅——品茗会。一群志同道合的雅集聚会，以真茶清饮的方式体会茶、茶人、茶境的美感。最为典型的品茗会，当属《荈赋》中的文人雅士集会，享受自然风景，品赏真茶情趣。直到今天，人们仍兴致勃勃地在品茗会的概念中，不断创新出各种仅为饮茶品藻的雅集。

广——分茶宴。菜肴与茶水相互配合的茶宴，也可说是茶酒宴，形式上较为规范，一般会有一些仪式上的要求，以区别普通的宴席。根据汉代王褒《僮约》的记载，当时四川已经有了完整的待客茶宴：请客人到家中用饭，先提壶酤酒、汲水作汤、拔蒜做菜、断苏切脯、祝肉膾芋、脍鱼鱼鳖，享用美酒菜蔬、兽肉海珍之后，主人再端出配备完善的茶器烹茶待客，品茶后以固定的容器收拾茶具，可以说这是相当完整的分茶宴了。从所记载的状况来看，分茶宴的情况和北魏杨衒之于《洛阳伽蓝记》中记载的"菰稗为饭，茗饮作浆。呷啜莼羹，唼嗍蟹黄"这一习俗极其相似，由此可知，自两汉以来分茶饮用已经十分普及了。

廉——茶果宴。以茶果、茶食、茶点配合茶饮，作为待客的正式宴席，旨在倡导以茶养廉。何法盛在《晋中兴书》里记载了一则茶果宴的故事。东晋陆纳当吴兴太守时十分节俭，客人来时仅以茶果待客，而不用酒宴或分茶宴，卫将军谢安造访也不例外。陆纳有一侄陆俶，他怪陆纳怠慢了谢安，私下准备了十数人的盛馔，以供谢安和他的随从食用。谢安离去后，陆纳打了陆俶四十大板，说道："汝既不能光益叔父，奈何秽吾素业。"此外，桓温在宴饮时也只备茶果，可见六朝时茶果宴颇为盛行。考其原因，许是晋室南渡，当朝要员以身作则，厉行节约，改奢豪的酒宴或分茶宴为俭朴的茶果宴。此风相沿，到齐武帝时仍以俭德为美，他在遗诏中要求，子孙在其死后以茶果来祭奠："我灵座上慎勿以牲为祭，但设饼果、茶饮、干饭、酒脯而已。"

（二）以茶为用

饮茶。虽然我们把清饮真茶作为饮茶的本宗，但在唐代以前，民间的

民俗饮料多为茗茶，很少品饮真茶。饮茶虽存在于一些文人的生活方式之中，如杜育《荈赋》中的描述，但社会普遍的饮茶概念并未完全统一。

食茶。所谓"食饮同宗"，茶也如此，在其作为饮料之前，是被食而用之的。语言学者研究以为，在原始人的语素中，"茶"的发音意为"一切可以用来吃的植物"，我们的祖先可能是从野生大茶树上砍下枝条，采集嫩梢，先是生嚼，后加水煮成羹汤，服而食之。唐以前的饮茶方式中，仍较多地保留了"食饮同宗"的习惯，茗茶法中将较多其他食物与之杂和烹调以作饮品，便是"食茶"内容的体现。

药茶。中国的药茶观念大致形成于南北朝时期。在此之前也有不少作品提及茶的广义药效，如《广雅》与《秦子》提及茶的醒酒功能，《博物志》与《桐君录》提及茶有"令人少眠"的功能，刘琨说茶可祛除体中烦闷。但是确切提出茶的药用功能的，可能是梁朝陶弘景的《新录》，他提及"茗茶轻身换骨，昔丹丘子、黄山君服之"。把茶当作服食养生之药，可以说是开创了中国药茶的新境界。茗茶开始不局限于俗饮，也渗入了本草的范围，唐代以后，茶药方繁多，也是肇始于此。

古人素有"药食同源"之说，人们在长期食茶的过程中，认识到了它的药用功能。由此可见，茶的药用阶段与食用阶段是交织在一起的，只是人们把茶从其他食品中分离出来，是从熟悉它的药用价值开始的。所以最早记载饮茶的既不是"诸子之言"，也不是史书，而是本草一类的"药书"，如《神农本草》《食论》《本草拾遗》和《本草纲目》等书中均有关于"茶"的条目。饮茶健体，使饮茶不仅限于民俗果腹、文人雅趣之用，还成为人类追求体质健康长寿之寄托的饮品，这一点至今仍是推崇茶叶为饮的核心物质价值。

茶经历了从饮用、食用到药用的演变，三者之间既先后承启，也相互交织，不能进行绝对的分割。即便在今天，茶以品饮为主，同时也是保健品，云南的基诺族仍把茶叶凉拌为菜来食用。

综观唐以前的饮茶，有以下几个结论：唐以前的茶品制法主要是饼茶，饼茶一般是真茶和调和茶；唐代以前盛行茗茶法，即以真茶杂和其他食物共同煮熟或沏泡；唐代以前的茶汤制法主要为煮茶法，也有泡（冒、痷）茶法；唐代以前没有专门的煮饮茶器具，茶器与食器混用，煮饮茶器具主要有锅、釜、鼎、碗、瓢等。

分茶宴早在汉代就有记载，后代更是盛行于世，随后盛行的还有晋代文人的品茗会和茶果宴。以上三种以茶聚会的方式，对比当代茶会的核心内容，仍不离其左右，唐朝之前以茶聚会的形式，可以说为后来的茶会类型奠定了基本框架。唐代以前的饮茶方式多为茗茶法，更接近于食茶，品饮真茶的仅为少数人。对后代影响深远的药茶观念在此时期已经完备。由于现存的茶文化史料相当有限，故今人所能了解的唐以前的茶艺亦不甚完备。

第二节　煎茶法——唐朝饮茶

唐代是中国茶文化体系确立的时代，代表人物为陆羽，其著作《茶经》奠定了中国茶文化的基础。后人不仅可以从中了解茶叶和饮茶学问，更为重要的是陆羽创造了一种文化形式，使中国茶文化建构在具体的物质形态上。

《茶经》初稿成于唐代宗永泰元年（765），修订后最终于德宗建中元年（780）定稿。煎茶法是陆羽力行改革后创造的一种饮茶方法，《茶经》的诞生使煎茶法的地位得以确立并传播普及，引导了"自从陆羽生人间，人间相学事新茶"（梅尧臣《次韵和永叔尝新茶杂言》）比屋之饮的社会风尚。其后，裴汶撰《茶述》，张又新撰《煎茶水记》，温庭筠撰《采茶录》，

皎然、卢仝作茶歌，这些著书立说的文化行为极大地推动了中国煎茶文化的成熟。

一、背景

唐初，社会普遍的饮茶方式仍是煮茶法，并没有发生较大的变化。唐初的《唐本草》提及了茶的保健效果"苦茶主下气。消宿食。作饮加茱萸、葱、姜等良"，可见其采用的是苇茶法。《食疗本草》更进一步提出"茗叶利大肠、去热解痰。煮取汁、用煮粥良"的说法，《本草拾遗》则说："茗、苦茶：寒，破热气，除瘴气，利大小肠，食之宜热，冷即聚痰，茶是茗嫩叶，捣成饼，并得火良，久食，令人瘦，去人脂，使不睡。"这种饮茶法和前代相去不远，且更多地在医书上得以记载。

到唐代中叶，对茶品及其制作的描述开始清晰。陆羽在《茶经·六之饮》综录了当时社会的茶叶制作状况。唐代茗茶主要有四种形式：槲茶、散茶、末茶、饼茶。槲茶即盘茶，应该是较笨重的大块茶饼，《茶经·二之具》里提及的峡中一百二十斤重的上穿茶即为此类槲茶（云南、四川等地现仍有千两茶等大块紧压茶）。散茶是把茶烘焙后收用的叶茶，但是使用时需要先磨成粉末。末茶是把散茶敲碎磨成粉末。饼茶原是荆、巴间的制茶法，若采老叶则制茶饼时要用米渍去涩，比槲茶制作要略精细些。陆羽总结当时制茶的方式是"乃斫，乃熬，乃炀，乃舂，贮于瓶缶之中"。从中我们可以看出当时制茶主要有四道工序：把茶叶砍下，鲜叶蒸熬后制饼（或散叶），将饼茶（或散叶）烤松，把茶块磨碎成末状。最后把茶末放在瓶缶之中贮存备用。

陆羽的规范性记录体现了当时的茶汤制备及饮用方式，其中在《茶经·六之饮》中提到，社会流行将茶末"以汤沃焉，谓之痷茶。或用葱、姜、枣、橘皮、茱萸、薄荷之等，煮之百沸，或扬令滑，或煮去沫，斯沟渠间弃水耳，而习俗不已"。"茶末加水开汤浸渍"这一制备方法为陆羽所不喜，特用"淹茶"一词描述。而在煮茶中加入许多佐料不停煎煮、不停扬动茶粥的芼茶法更为陆羽所厌弃，认为是饮用阴沟弃水。但也再一次证明，在当时的环境之下，的确存在着淹茶法、芼茶法两种茶汤制备方式。

陆羽开发新茶品后又研究出一套完整的煎茶法，并制作出成套茶器来执行，形成了系统完备的煎茶法，甚至著书立说推广茗饮。这在当时产生了极大的影响，中国饮茶法也自此从俗饮的阶层，逐渐上升为艺术的阶层。

二、唐代饼茶制作

陆羽煎茶法所用的茶品，对鲜叶的要求较前朝更高，这是煎茶法与芼茶法在茶品选择上最大的区别。茶品的加工过程也更为细化，从前朝的斫、熬、炀、舂4个步骤，增加到采、蒸、捣、拍、焙、穿、封7个步骤，再研磨成茶末备用。陆羽重视工具的使用和创新，这进一步奠定了煎茶法为文化产物的地位。在茶品制作的流程中，陆羽更是在《茶经》中单列一章"二之具"，其中罗列并精确描述了十几个工具，充分体现了"工欲善其事，必先利其器"的文化意识。

（一）茶品制作工具

根据《茶经》中"二之具""三之造"两节所述，饼茶的制备有7道工序，即采、蒸、捣、拍、焙、穿、封，形容其过程为"自采至于封，七经目"。工具与制造工艺有着密切的关系，通过文中提及的采茶、制茶工具可以看出，唐代饼茶的生产已具有了一定规模。其涉及的工具按"七经目"的程序，大致可分为五个部分。

1. 采茶工具

唐代为手工采茶，采茶用具即一只盛鲜叶的竹篮，叫"籯"。采茶工或手提背负，或系在腰间，以便在不同高度与密度的茶树丛中劳作。籯的

容量为五升至三斗不等，采茶前选择篮的大小时，需要考虑尽可能减少鲜叶之间的挤压，保证芽叶质量，同时也兼顾劳动效率。

2. 蒸茶工具

按《茶经》所述共有五种形式：一是"灶"，没有烟囱突起通风的灶，用松柴作燃料时限制其通风，以保持热量；二是"釜"，有唇口，可以在蒸茶的过程中加水的锅；三是"甑"，木制或瓦制的圆筒形蒸笼；四是"箄"，竹制的篮状蒸隔，蒸茶过程中可将鲜叶在直筒形甑内提上提下；五是一根有三个枝丫的木枝，作为辅助用具来拨散已蒸鲜叶的结块，可以解决散热，使部分水分汽化，减少汁液流失。唐代采用蒸青方式制茶，最关键的是"高温短时"，因此陆羽采用尽量把蒸具密闭起来的方法，通过提高蒸汽气压来迅速提高蒸汽温度。

3. 成型工具

唐代茶叶为压制而成的饼状。陆羽提到的成型工具共有6种：捣碎蒸叶的"杵"和"臼"，拍压茶碎制作出饼茶外形花色的"规""承"和"襜"，以及摊晾湿饼用的方形篾排"芘莉"。

4. 干燥工具

饼茶在比例上基本成型后，就进入了干燥阶段。首要用"棨"（锥刀），模仿铜钱样式在茶饼中心穿孔。然后用"扑"（类似鞭子的竹竿，有一定长度和柔软度）将穿了洞的饼茶串起，移至烘焙茶饼处，进入烘焙工序。烘焙工具由"焙""贯"和"棚"三件组成，焙是一个挖地而成的方形火灶，在地上垒砌短墙架起两层木结构的棚，用以支撑穿茶烘烤的竹贯。茶半干时，贯置在下棚，茶全干时，贯升至上棚。

依照陆羽对焙的外形尺寸描述，烘焙工场大概是一个集中加工地，烘焙饼茶的量较大，需要若干蒸茶工序来满足"焙"的生产效率，这也进一步说明了唐代茶饼生产的规模。

5. 计数和封藏工具

同样仿铜钱计数方式，茶饼也以"穿"来计量，用以交换。陆羽提到江东和峡中"穿"的重量差异很大，这可能与两地茶叶的种植、采摘、加工、成型等差异有关。茶饼的日常保存用"育"，一个竹木烘箱，以煨火或小火的方式来保持茶饼的干燥。

（二）茶品制作工序

陆羽详细记叙了茶叶从采摘到成品，需要经过的7个工序和要求，并通过对制茶工具的详细描述，使唐代饼茶成品的制作工艺更为清晰。陆羽对前朝茶品制作的改革，除强调茶品制作流程与步骤外，对鲜叶的采摘和贮藏也有着较高要求，前者保证了茶饼的原料质量，后者是茶汤备置前的最后一个步骤，储存不当便无法达成茶叶制作以供饮用的最终目的。对茶饼品质的鉴别则是陆羽叙述的另一重点，他将茶品分为八等，他认为鉴别茶饼不能光看外表，而是要全面了解鲜叶质量、加工过程，才可以判断茶品质量，这一唯实的方法论是留给后人的宝贵财富。

唐以前的茶品加工中包括了末茶，陆羽在"二之具""三之造"两节中记叙了自采摘至保存的茶品制作工序，但并未提及末茶部分。末茶作为另一个流程在"四之器""五之煮"两节的煎茶过程中来说明，由此可见，陆羽将这部分内容归于茶艺师的工作。我们从中可以了解到陆羽对煎茶法茶艺的专业性提出了更高的要求，但同时也说明了当时茶叶生产能力和消费水平的提升加速了社会分工的形成，规模生产的茶饼已成为独立的产品或商品进行流通。煎茶法成为一种新的生活方式，并有着专门的生产工具和方法。

三、陆羽茶汤

茶品制作完成后，就到了饮茶的重要环节：茶汤制备的过程。陆羽扬

弃了传统的痷茶法和芼茶法，前者做出的茶汤不够细腻，而当时的工具无法把茶磨得更细，口感欠佳；而后者被抛弃的主要原因大抵是这一通俗饮料难登大雅之堂。陆羽创造的煎茶法，更接近杜育《荈赋》中描述的真茶品饮，且更为精细、规范。更重要的是它不再是少数人的乐趣，而是普及成为社会风尚。

陆羽《茶经》中的"四之器"详细列出了茶汤制备所用器具，在这"二十四器"中，很大一部分是陆羽首创研制并使用的，并强调"但城邑之中，王公之门，二十四器阙一则茶废矣"。茶艺器具的专用性自此开始系统呈现，这也是唐代能成为茶艺起源的重要因素和标志。

依据陆羽《茶经》中"四之器"和"五之煮"两节内容，煎茶法的茶汤制备可分为生火、备茶、用水、候汤、酌茶、理器6个程序，共用到茶器24件。

（一）生火

生火用到的器具大致有4件：

"风炉"，铜铁制成的鼎状器，用于生火，也是反映陆羽文化思想的主要物质载体，"灰承"置于风炉底部，是用于承接炉灰的铁盘，可视为与风炉同为一件器具。

"筥"，盛炭的竹箱，器物边缘要光滑。

"炭挝"，锤解大块的炭。

"火筴"，夹炭的工具，同生活中的一般用具。

生火的燃料最好是用炭，其次是硬柴，才能使火候在煎茶过程中达到"活火快煎"的要求。一些沾染膻腻、含油脂较多的柴薪以及朽坏的木料都不能用，以免茶汤吸附"劳薪之味"。这也可见在当时已认识到茶叶吸附性强的特点。

（二）备茶

备茶用到的器具大致有4件：

"夹"，烤茶时夹茶饼用，小青竹制成，有助茶香。

"纸囊"，贮放烤好的茶饼，用白而厚的剡藤纸双层缝制，可使茶香不致散失。

"碾"，碾磨烤好的茶饼，它由碾、堕、拂末三部分组成。碾，最好用橘木制成，其次为梨、桑、桐等木料，形状内圆顺外方正，内圆便于碾磨茶碎，外方利于增加碾在劳作时的稳定性；堕，即碾轮，带轴圆形滚轮，尺寸与碾的圆弧吻合；拂末，用于拂拨碾中茶末，羽毛制成。

"罗、合、则"，备茶的最后环节和容器，由罗、合、则三个器具组成。罗，竹圈纱网的罗筛，漏过网眼的为合格茶末；合，放置茶末用，竹或木制成并上漆，其要求有盖且光滑，不粘茶；则，即茶勺，又作量器，用于大致计量茶水中茶末的量，制作材料有海生物的壳，或金属、竹木等，多制成匙、箕等状。"则"日常都放置于"合"内，可与罗合同为一件。

备茶的过程从器具的用途上大致可了解：在风炉生上火后，用"夹"夹着茶饼，靠近较为稳定的火头烘烤，时时翻转，等茶饼表面烤出类似蛤蟆背的气泡时，离开火5寸，待气泡松弛后再接近火头，重复烤若干次，至水汽蒸完止。新鲜晒干的则简单一些，烤至茶饼软化即可。

烤茶的过程是茶叶碾磨成末的必要前提，使坚硬的茶饼变得十分松软，稍稍用力即可成茶末。茶饼烤好后立即装入"纸囊"，剡藤纸以薄、轻、韧、细、白著称，它既可潴留香气、散热，又能阻挡空气中的水汽，使茶饼冷却后仍保留有较好品质。冷却后的茶饼更加松软，正好进入碾磨过程。

将茶放入碾中，用堕细研，随后将研磨好的茶末用拂末清出。唐代煎茶法选用的茶末并非越细越好，故碾磨后的茶末成品标准是形如细米粒即

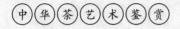

可。经过罗筛后将选好的茶末置入"合"内，备茶过程即完成。

（三）用水

用水的器具仅2件：

"水方"，盛放清水的木制容器，可盛水一斗，煎茶过程的用水基本取于水方。

"漉水囊"，取水时用来过滤水质，是唐代"禅家六物"之一。由铜丝圈架、竹篾网兜、绿绢包裹制成，携带时外面套有"绿油囊"，即绿色的油布袋，可以保持清洁、干燥。

陆羽深知煎茶用水的重要性，也善于辨别水质。在《茶经》"五之煮"一节中提出了选用山水、江水、井水的方法："其水，用山水上，江水中，井水下。"指出了最适宜煎茶的水，含有二氧化碳的乳泉水，以及被砂石充分过滤后的石池泉水最适宜泡茶；用江水须到远离人烟的地方取之；而井水则是日常生活中使用最频繁的活水。

（四）候汤

候汤包括煮水、调盐、投茶、育华4个步骤，它涉及的用具共有5件：

"鍑"，煎茶专用锅，内壁光滑、外壁沙涩，有双耳，唇延阔，锅底直径大，不带锅盖，便于提拿，吸热快而均匀。陆羽喜铁制，其经久耐用，也有用瓷、石、银等材料制成的。

"交床"，放置"鍑"的搁架，十字交叉作架，上搁板挖其中心，能支撑"鍑"身。

"竹筴"，木制身，两头裹银，一尺长，筷子状搅拌器皿，搅动汤心有助沫饽发生。

"鹾簋"，放盐的器皿，瓷质，内置"揭"，即盐勺。

"熟盂"，盛放熟汤用，煎茶过程中用到两次，一次盛放二沸水，一次盛放"隽永"。

在煎茶法中，炙茶罗末的过程在前，"鍑"置于"交床"之上，炙茶完成后，"风炉"才作"鍑"的候汤之用。先煮水一升，并观察水烧开的程度。当开始出现鱼眼般的气泡，微微有声时，为一沸水，此时放入适量的盐，可尝味（调盐）。水继续加热，至"鍑"的边缘像泉涌连珠时，为二沸水（若继续沸腾如波浪般翻滚，称之三沸水，过老不可食），此时舀出一瓢，放置在"熟盂"中，再用"竹筴"在二沸水中绕圈搅动，用"则"量茶末从旋涡中心投下（投茶），一升水置茶。此时已成茶汤，活火快煎，至沸腾如狂奔的波涛，泡沫飞溅时，将之前置于"熟盂"的二沸水重新加入"鍑"中止沸，孕育汤花（育华）。至此，茶汤制作完成。

（五）酌茶

酌茶，也称分茶，用到的器具共4件：

"瓢"，又叫"牺、杓"，用于舀水、舀茶汤等。葫芦剖开制成，也有用梨木做成的。

"碗"，唐代煎茶法的品饮器，在"鍑"中煎好的茶汤用"瓢"分在"碗"中品饮。

碗的材质以越窑瓷为上品，因为饼茶经炙烤等过程后制成的茶汤大致接近黄褐色或红白色，当时流行的邢窑瓷以白雪著称，映衬得茶汤更显红色；而越瓷色青如玉，用来盛茶汤显得清新可人。越瓷茶碗上口唇不卷边，底呈浅弧形，容量不到半升。

"畚"，放置茶碗用器，用白蒲卷编而成。可容10只茶碗，也可用筥装碗，碗与碗之间夹双幅剡纸以减震。

"滓方"，用以盛放废弃的茶末、汤水。如经罗筛、碾磨仍不合格的茶末、杂质，尝咸味余下的汤，黑云母般的水膜弃汤，以及分茶完了余留在

锅底的茶滓等，均需要进行妥善处理。

育汤花后，茶汤再次沸腾时撇去浮在沫饽上的水膜，状黑云母，滋味不正。至此开始酌茶，酌茶的要旨是茶汤每碗要分均匀，包括沫饽。沫饽是汤的精华，薄的为沫，厚的为饽。第一瓢汤花最佳，称之为隽永，先舀出放在熟盂中，以备止沸及育华之用，或在饮茶人数多出一个时以隽永奉之。此后舀出第一、第二、第三碗茶汤，其滋味香气也依次下降些，由于重浊凝其下，精英浮其上，到第四、第五碗时若不是极渴就不要喝了。

一炉一"鍑"，一般煮水一升，可分酌3~5碗，供3~7人品饮，若人数超过上限，则需要用两个炉来煎煮酌茶。如若喜好茶汤滋味鲜爽浓强，则煮3碗茶汤滋味最好，其次是煮5碗。所以，当客人人数在5人以下，可以煮3碗浓茶分酌品鉴；当客人为6人时，仍可煎浓茶，另一碗以隽永补上；有7位客人时，一锅煎5碗的茶量，滋味会略淡些，却也是不错的。煎茶时切记水不可过多，否则茶汤滋味过淡。茶要趁热连沫饽、茶汤、茶末一起品饮，冷却后滋味欠佳。

（六）理器

理器是指整理、清洁器具的器皿，共有5件：

"札"，用于洗刷茶器，以棕榈皮和竹木捆扎，形似大毛笔。

"涤方"，木制容器，用来盛放洗涤后的水。

"巾"，吸水性好的粗绸布，用于擦拭各种器皿，一般有两块备用。

"具列"，陈列和放置器具的茶台或茶架，可折叠闭合，黄黑色的竹木制品。

"都篮"，能装入以上所有器具的容器，竹篾制成，长2.4尺，宽2尺，高1.5尺，都篮脚圈宽1尺、高2寸，整体玲珑坚固。

规范的茶艺讲究有始有终，前面一步步展开物品，最后便是有次序

, so

地将这些器具一件件整理干净。"札""涤方""巾"都是清洁用具，现在的茶艺器具中还一直保留。依据"具列"的外形描述，有3尺长、2尺宽，在其上方将主要器具陈列并进行操作较为宽敞；高度仅6寸，席地操作的话这个高度也是合适的。从都篮的尺寸可判断这24件器具都比较精致，悉数装入还能使都篮看起来玲珑有致，宜家藏一套。从生火备茶到饮啜完毕，所有器具清洁归位，才是整个茶艺的完整流程。

煎茶法制备的茶汤可谓珍鲜馥烈，滋味上陆羽也明确了其本质：啜苦咽甘，否则不能称之为茶味。煎茶法的茶汤制备有九大难点：一是造难。茶饼选用的鲜叶和加工要有保障；二是别难，茶艺师要会鉴别茶饼；三是器难，煎茶器具需要整齐清洁；四是火难，生火的燃料要好；五是水难，需要会品鉴、选择适宜煎茶之水；六是炙难，炙烤茶饼要通透松软；七是末难，茶饼需要仔细碾磨成粉；八是煮难，竹筴环击汤心需要速度一致，不能骤快骤慢；九是饮难，四季中只在夏天饮茶的不能称之为茶人。

煎茶法制备茶汤的24件器具，是陆羽的精心创制和规定，同时也标志着煎茶法茶艺的成熟。

四、人文的饮茶方式

唐代的饮茶方式，除延续前朝已形成的饮茶聚会形式和以茶为用的功能外，更注重茶人的身心体验，陆羽在《茶经》中将此体验一一论述，从对茶汤的要求、茶境的重视、茶德的贯穿，来阐述饮茶法的根本要旨，体现出"美物""美意""美德"的内涵。

（一）茶味至胜：美物

陆羽煎茶法，最大的特点是对茶汤的滋味有着极高的标准。所以茶汤制备过程要精细，茶艺师需要有较全面的能力，如末茶准备不能像前朝磨好后放在瓶中贮存待用，而是在茶汤煎煮前制作，现用现做使末茶的香

55

气、滋味、色泽得以完美呈现。所以现场制备茶末、一炉一茶的过程，使炙烤茶饼、制作末茶的量也成为"煎茶一锅分几碗"的一个重要因素，了解这一点与现代饮茶分茶方式的差异性，大致能解开我们研读《茶经》时的困惑。

煎茶法对茶味的高要求体现在，不仅规范了煎茶法每一道工序的器具、材料利用及每一个动作要领，还延伸至茶叶的种植、采摘、加工和保存。正是煎茶法从形式到内容都追求完美，所以吸引了更多的人来学习，进而有了"比屋之饮"的景象。

撰于8世纪末的《封氏闻见记》卷六饮茶条载："楚人陆鸿渐为茶论，说茶之功效，并煎茶炙茶之法，造茶具二十四事，以都统笼贮之。远近倾慕，好事者家藏一副。有常伯熊者，又因鸿渐之论广润色之，于是，茶道大行，王公朝士无不饮者。御史大夫李季卿宣慰江南，至临淮县馆。或言伯熊善饮茶者，李公请为之。伯熊著（着）黄被衫乌纱帽，手执茶器，口通茶名，区分指点，左右刮目。……"常伯熊，生平事迹不详，大抵为陆羽同时代人。他研习《茶经》并对其加以润色，专事表演性煎茶法演示，茶艺娴熟，在当时有一定的追慕者和影响力。皎然、斐汶、张又新、刘禹锡、白居易、李约、卢仝、钱起、杜牧、温庭筠、皮日休、陆伟蒙、齐己等人对煎茶法茶艺均有所贡献，推动了煎茶法在社会中的传播。

（二）茶境至上：美意

从前文描述看来，陆羽对煎茶法器具的要求是极为苛刻的，但在《茶经》"九之略"一节中却又有所变化。茶饼加工的工具，"于野寺山园丛手而掇"，其中的"棨、扑、焙、贯、棚、穿、育"七种工具都可略去不用；煎煮茶汤的器具，"若松间石上可坐，则具列，废用槁薪鼎枥之属，则风炉、灰承、炭挝、火筴、交床等废；若瞰泉临涧，则水方、涤方、漉水囊废；若五人已下，茶可末而精者，则罗废；若援藟跻岩，引絚入洞，于山口炙而末之，或纸包合贮，则碾、拂末等废；既瓢碗、筴、札、熟盂、鹾簋悉以一筥盛之，则都篮废"。上述描写可以看出作者对现采、现煮、现饮的癖爱，松间石上，泉边涧侧，甚至山岩风口作为茶境为其所喜爱，从中可一窥陆羽提倡饮茶规范化的实质之所在。

唐代饮茶，对环境的选择十分重视。多为林间石上、泉边溪畔、竹树之下等清幽的自然环境，吕温《三月三日茶宴》序云："三月三日，上巳禊饮之日也。诸子议以茶酌而代焉。乃拨花砌，憩庭阴，清风逐人，日色留兴。卧借青霭，坐攀花枝，闻莺近席羽未飞，红蕊拂衣而不散。……"莺飞花拂，清风丽日，环境清幽。钱起《与赵莒茶宴》诗云："竹下忘言对紫茶，全胜羽客醉流霞。尘心洗尽兴难尽，一树蝉声片影斜。"这些茶诗中的环境皆不失清雅，翠竹摇曳，树影横斜，风光旖旎。也可选择道观僧寮、书院会馆、厅堂书斋等文雅之所，且四壁常悬挂条幅。

唐代的茶饮逐渐从解渴或果腹的生活必需品的身份中脱离了出来，文人雅士或"柴门反关无俗客，纱帽笼头自煎吃"或"野泉烟火白云间，坐饮香茶爱此山"，更多地寄希望于在饮茶中寻求愉悦之美感享受，以茶抒情扩怀，借景移情喻志，充溢着美学意境。

（三）茶德至本：美德

饮茶之所以能成为高雅深沉的文化，与其自唐代以来被认为是一种道德修养密切相关。这在陆羽《茶经》中表现得尤为明显，"一之源"载："茶之为用，味至寒，为饮，最宜精行俭德之人。若热渴、凝闷、脑疼、目涩、四肢乏、百节不舒，聊四五啜，与醍醐、甘露抗衡也。"饮茶利于"精行俭德"，使人强身健体、陶冶情操。《茶经》"四之器"中提及风炉，其设计应用了儒家《易经》的"八卦"和阴阳家的"五行"思想。风炉上铸有"坎上巽下离于中体均五行去百疾"的字样；"鍑"的设计为"方其耳，以令正也。广其缘，以务远也。长其脐，以守中也"。令正、务远、守中都反映了儒家"中正"的思想。故《茶经》不仅阐发了饮茶的养生功用，更是将饮茶提升到了精神文化层次，旨在培养俭德、令正、务远、守中的儒家之风。陆羽还借助《茶经》表达了自身的政治思想，他在"风炉"上刻"伊公羹，陆氏茶"六字，比喻"伊尹相汤伐桀""治大国若烹小鲜"，以茶兴邦治国之心昭然。

诗僧皎然精于茶道，与陆羽结为忘年交。他所作的茶诗有二十余首，其诗《饮茶歌诮崔石使君》云："一饮涤昏寐，情来朗爽满天地。再饮清我神，忽如飞雨洒轻尘。三饮便得道，何须苦心破烦恼。……孰知茶道全尔真，唯有丹丘得如此。"可见，皎然认为饮茶不仅能涤昏、清神，更宜于修道，三饮便可得道全真。

玉川子卢仝在《走笔谢孟谏议寄新茶》中写道："一碗喉吻润，两碗破孤闷。三碗搜枯肠，唯有文字五千卷。四碗发轻汗，平生不平事，尽向毛孔散。五碗肌骨清，六碗通仙灵。七碗吃不得也，唯觉两腋习习清风生。"其中，"文字五千卷"是指老子五千言《道德经》，三碗茶唯存道德（此与皎然"三饮便得道"同义），四碗是非恩怨烟消云散，五碗肌骨清，六碗通仙灵，七碗羽化登仙。七碗茶诗自此流传千古。

钱起《与赵莒茶宴》写主客相对饮茶，言忘而道存，洗尽尘心，远胜炼丹服药。斐汶《茶述》论茶性清味淡，涤烦致和，和而不同，品格独高。自中唐以来，人们已认识到茶的清、淡的品性和涤烦、致和、全真的功用，认为饮茶能使人养生、怡情、修性、得道，茶人们还借助饮茶活动从不同的角度来叙说自己的志向，表达自身经世济国之愿望或无奈。陆羽《茶经》，斐汶《茶述》，皎然"三饮"，卢仝"七碗"，皆高扬茶之精神，把饮茶从日常物质生活提升到了精神文化层次。

《茶经》是对整个中唐以前唐代茶文化发展的总结。自问世以来，对中国的茶叶学、茶文化学、茶叶贸易乃至整个中国饮食文化都产生了巨大影响。这种作用在唐朝当代便引人注目，《新唐书》说："羽嗜茶，著经三篇，言茶之源、之法、之具尤备，天下益知饮茶矣。时鬻茶者，至陶羽形置炀突间，祀为茶神。"宋人陈师道为《茶经》作序道："夫茶之著书，自羽始。其用于世，亦自羽始。羽诚有功于茶者也！上自宫省，下迨邑里，外及戎夷蛮狄，宾祀燕享，预陈于前。山泽以成市，商贾以起家，又有功于人者也。"陆羽所著《茶经》集文化之大成，推动普及了当时社会的饮茶风尚，为后人留下宝贵的文化遗产的同时，也极大地促进了当时茶叶经济的发展，王建《寄汴州令狐相公》记有"三军江口拥双旌，虎帐长开自教兵""水门向晚茶商闹，桥市通宵酒客行"，由此可见茶叶运输业之兴盛，使江口这个军事重镇一跃成为茶船泊集、茶商摩肩的繁华地带。

陆羽之后，唐人又发展了《茶经》的思想，如苏廙著《十六汤品》、张又新的《煎茶水记》、刘贞亮总结的茶之"十德"等，都具有深刻的意义。

唐朝是中国茶文化史上一个重要时期，其煎茶法亦表现出以下几个时代特征。

首先，作为一个新生事物，煎茶法摒弃了茗茶法类似食用的饮茶方式，而主动靠近当时药用服食的社会显学。这一特征表现在其内容多次提及与草药相关的文字，且《茶经》的体例循《本草纲目》的形式，宣扬饮茶之功基本也遵循"养生""祛病""羽化成仙"的古代医药学理念。这种靠近，一方面使饮茶的生活方式被纳入社会主流以及学术主流，另一方面也促使了饮茶健康及药茶理论的普及，如陆羽《茶经》"七之事"中收录"枕中方""孺子方"等药茶方子。时至今日，饮茶"药理健康"的概念依旧是推广饮茶文化的法宝。

其次，唐煎茶法首次建立了完整的茶艺规范流程，以"风炉""镀""瓢""越窑青瓷茶碗"等为典型茶具，分工更明确。文人意识成为主流，茶人们更关注饮茶给予的美物、美意、美德体验，使饮茶从生活琐事升华为唐代精致文化的代表。

最后，唐以前的各种饮茶法，在唐代也没有间断，如薛能有茶诗云"盐损添常诫，姜宜著更夸"，陆羽也陈说了当时民间苓茶、痷茶等饮茶方式，可以说明当时为多种饮茶方式共存的环境。即便在陆羽煎茶法中，也有投盐调味，宋代的《物类相感志》说："芽茶得盐，不苦而甜。"根据推测，唐代蒸压茶饼通过投盐，或许可以减轻苦涩味而达到增甜的目的。

陆羽的《茶经》覆盖的内容成为茶文化、茶艺的研究体系与核心，有着极高的地位。从事饮茶法的研究或利用，亦不能仅限于滋味外形的品评"嚼味嗅香，非别也"[1]，或是"手执茶器，口通茶名，区分指点，左右刮目"[2]，而是应将其放置在涵盖茶叶学、民俗学、地理学、经济学、工艺学、美学等综合文化体系之中，以"精行俭德"的治学方式，来汲取精华的一瓢饮。

第三节 点茶法——宋朝饮茶

点茶法由煎茶法改革而成。从加热方式看，唐代沿袭前朝的"煮茶"技术，以茶入沸水（水沸后下茶），且煎茶时间较短（二沸即起锅），那么相对换一种加热方式，以沸水入茶是否也可行呢？发展至后唐及宋，新的

---

① 陆羽.茶经［M］.卡卡，译.北京：中国纺织出版社，2006.

② 封演.封氏闻见记［M］.张耕，注.北京：学苑出版社，2001：125.

茶汤制备方法开始出现，即点茶法。

加热方式的革新是点茶法与煎茶法之间最根本的区别，也由此带来了茶艺结构中其他要素的变化。比如，宋代称为团茶的茶叶加工方式，茶粉必须研磨得更为细腻，才能适应点茶温度不及煎茶的情况。点茶水温会逐渐降低，在点茶法的流程中要先将茶盏烤热（熁盏令热）来保持温度。点茶时先注汤少许，调成浓稠状（调膏），原先煎茶的竹夹演化为茶筅，其在盏中搅拌称"击拂"。为便于注水，还演化出高肩长流的烧水器——汤瓶。

最早记载点茶法的是五代时期的苏廙，他的《仙芽传》是一部有关茶的专书，全书现已遗失，所幸其中的《十六汤品》仍保存至今，其中详细记叙了如何点茶。但苏廙生平难考，故点茶法产生的确切年代难以断定。

而从法门寺出土的宫廷茶具来看，其中的琉璃茶碗适于点茶，茶罗的网眼极小，应为制茶粉用，而陆羽在《茶经》中论述煎茶用末不用茶粉，故可由此推测点茶法应萌芽于晚唐。五代宋初陶谷《荈茗录》中有属于点茶的"生成盏""茶百戏"，故点茶法起始不晚于北宋初年。五代及宋以后，虽陆羽《茶经》一再刊印，《四库全书》等几十种本子均有收录，其学术地位越加巩固，但毋庸置疑的是，点茶法带来了技术革新，陆羽的煎茶法形式逐渐在现实生活中消失。

最早具体描述点茶法茶艺的是北宋蔡襄所撰的《茶录》，蔡襄乃福建人，曾在福建为官督造北苑小龙团贡茶。宋代茶书，大多写建安北苑龙凤团茶造法及饮法，因此，有推测说点茶法始于建安民间。点茶法在北宋初期大力推广，使得团茶日趋精雅繁复，传播的社会层面和地域也远超唐代。上至宫廷权贵，下至市井小民，无一不喜爱斗茶，饮茶的形式自此开始多样化、生活化、仪式化。

如果说宋以前的饮茶文化仍需要依托食文化、药文化体系，那么我们可以看到宋代点茶法跨出了极大的一步。自点茶法起，饮茶文化开始以独立的文化意志和形式，占据了意识形态的高地，茶文化的独立性在之后一直未能被超越。

一、宋代团茶制作

历代的茶叶主产地变迁也极为显著，这也是各朝代选择茶叶加工及茶汤制备方式的一个参照要素。唐以前的茶叶出产区以四川蒙顶茶为首，重点在四川流域，乔木为多，采摘相对粗放，适宜毛茶法；唐代以江南阳羡茶为代表，主产区转入江南，芽叶相对鲜嫩，煎茶法的加工和饮用方式较为适宜；五代宋代则以岭南建安茶为代表，岭南为茶叶重镇，其茶味较江南茶更厚足些，团茶的加工方式更佳。

宋代也有散茶存在，当时称之为"草茶"，主产区大致在江浙一带，较为知名的有江西修水的"双井"、浙江绍兴的"日铸"等。但当时贡茶以团茶为极品，草茶虽也有一二两上贡，但并不占主流，多为雅士及茶农百姓品饮。以下将重点讲述团茶的制造方法。

宋代团茶，又称"片茶""銙茶""饼茶"。宋代文献记载的制法较多，也较为翔实，比如，赵汝砺著《北苑别录》中，详细记录茶园区域、制茶工序及团茶等级等指标，如实记载了以建茶为代表的宋代制茶工艺。从文献看，宋制团茶主要有七道手续：采茶、拣茶、蒸茶、榨茶、研茶、造茶、过黄。

（一）采茶

宋代以惊蛰为候，晴日凌露采之，时节较为严苛。当时认为日出之后，肥润的茶芽便为日光所薄，膏腴为之所耗，茶受水则不鲜明。采茶须用指甲，不可用手指，用甲则速断不柔，用指则有汗渍和温度，都会影响茶的品质。

（二）拣茶

拣茶是前代所没有的，宋代首创了以鲜叶分拣的茶叶分级法。宋代贡茶有各种品级，所以茶芽采下后需要再分成不同品级，才能制成各品贡茶。清代以来的分级拼推法可上溯至此。

（三）蒸茶

唐代鲜叶入釜蒸青，宋代鲜叶则再三洗涤，然后入釜，蒸得适中，过熟色黄而味淡，不熟色青且打出的茶末易沉。

（四）榨茶

唐代阳羡茶是草茶，劲力较薄，怕去膏；宋代建安茶是木茶，力极厚，若去膏不尽则茶味不美反苦。榨茶先用小榨去水分，再用大榨出其膏，到半夜取出揉匀，再用大榨翻榨。天明取出，拍净揉匀，榨好茶再研茶。

（五）研茶

唐代制茶用杵臼将茶捣为泥末即可；宋代制茶以柯为杵，以瓦为盆，分团酌水，反复研磨茶末直至水干茶熟，故自古以来称为"研膏茶"。茶越佳，研茶次数越多，胜雪白茶的研茶达16次。研茶得至水干茶熟，水不干茶就不熟，茶不熟水面不匀，点茶时茶末易沉，因此，研茶力道要极大，需壮汉操作。

（六）造茶

研好的茶放入模中制茶。唐代以规制茶，宋代以"绔圈"造茶，茶初出研盆，用手拍打使之匀称，用力搓揉，使之形成细腻的光泽，然后入圈制"绔"。"绔"的形状多样，有方的、有花的、有大龙、有小龙，品色不同，与唐代相似。

（七）过黄

即焙茶。唐代将茶贯串烘焙，茶饼上的穿洞痕迹欠雅致。宋茶做成团茶后，不用贯串，先用烈火焙干，再用沸汤浇淋，反复三次后用火烘焙一晚。隔日温火温焙，焙时不可有烟，否则烟熏会使茶香尽失。温焙的天数随"绔"的厚薄而不同，多则15天，少则五六天。温焙后，取出过汤出色，再置于密室中，用扇扇干，团茶颜色自然，光亮莹洁。

由此可见，宋茶团茶的制作工艺更为复杂，其中榨茶、研茶是前代所没有的，而焙茶时的过黄工艺也和唐代大不相同。贡茶中有一种极品称为"银丝水芽"，采摘新抽茶枝上的嫩芽尖，"取心一缕"成方寸新绔的小茶饼，又称"龙团胜雪"，每绔"计工值四万"，极耗人力、物力。除"龙团胜雪"外，供给皇室的还有一种极品"白芽"，即用"崖林之间偶然生出，虽非人力所能至……所造止于二、三绔而已"[1]的"白茶"制得。制团茶法如此繁复、劳民，为后代在茶品制作改良方面埋下了伏笔。

二、点茶法的茶汤制备

在陆羽《茶经》建立的茶文化体系影响下，宋及之后各朝代的茶艺流程，均突出了对茶、水、器、火、境的表述和对茶艺师的重视，其结构基本相同。但由于茶汤加热方式改变，点茶法与煎茶法之间还是存在差异，表现茶艺特征的主要茶具也不同。宋代点茶法的代表茶具为汤瓶、茶筅、茶盏，主泡器是茶盏，崇尚天目油滴盏、建州兔毫盏等。宋茶尚白，建窑主黑色，相得益彰。

宋代点茶法可概括为7个程序：备器、选水、末茶、候汤、焙盏、点茶、分茶。

---

① 赵佶，等.大观茶论［M］.北京：中华书局，2013.

（一）备器

《茶录》《茶论》《茶谱》等书对点茶用器皆有记录。宋元之际的审安老人作《茶具图赞》，对点茶道主要的12件茶器一一列出名、字、号，并附图及赞。归纳来说，点茶道的主要茶器有茶炉、汤瓶、砧椎、茶钤、茶碾、茶磨、茶罗、茶匙、茶筅、茶盏等。

（二）选水

宋代选水大致承继唐人观点。《大观茶论》的《水》篇重点强调："水以清轻甘洁为美，轻甘乃水之自然，独为难得。古人品水，虽曰中泠、惠山为上，然人相去之远近，似不常得，但当取山泉之清洁者。其次，则井水之常汲者为可用。若江河之水，则鱼鳖之腥、泥泞之汗，虽轻甘无取。"宋徽宗主张水以清轻甘洁好，并修正增补了陆羽的用水法。

（三）末茶

宋代团茶须研成末茶，因此和唐代一样有炙茶、碾茶和罗茶三项，流程大抵相同。但团茶的加工方式不同于唐饼，经过翻榨和研茶，茶叶已经成为较细的颗粒，虽压制成片，但其解块磨末要容易很多。

1. 炙茶

宋代当年新茶不用炙，陈茶需要先以沸汤渍之，括去外表膏油一两层后，用铁钤夹茶，微火炙干。炙茶会使茶色变深，这也是宋茶少炙茶的原因之一。

2. 碾茶

宋茶磨末使用砧椎、茶碾、茶磨等器具。团茶较少炙茶，故蓬松度较低，因此一般用砧椎敲碎，再投入碾磨。茶碾改用银、熟铁等金属材质，末茶颗粒较唐代要求更为细腻，以利于点茶。除茶碾外，也有用茶磨磨茶，茶磨好青礐石，也有玉制。从《茶具图赞》看来可能是磨碾并用，磨

出的茶末更细。

3. 罗茶

碾好的茶需要筛滤。唐代罗茶的标准是米粒大小，筛目较大。宋代罗茶喜用蜀东川鹅溪画绢，面紧、目极小，经此罗筛后的茶粉几乎为粉尘状，才合点茶标准。

（四）候汤

宋代点茶法，在造茶、碾茶的过程中尽蓄茶性，茶遇汤则茶味尽发，故用嫩汤为宜。因此选用"背二涉三"，也就是二沸以后，快到三沸时的水温最适合点茶。蔡襄《茶录》中的"候汤"条载："候汤最难，未熟则沫浮，过熟则茶沉。前世谓之蟹眼者，过熟汤也。沉瓶中煮之不可辨，故曰候汤最难。"蔡襄认为蟹眼已过熟，而赵佶认为"鱼目蟹眼连绎进跃为度"，其在《大观茶论》"水"条记："凡用汤以鱼目蟹眼连绎进跃为度，过老则以少新水投之，就火顷刻而后用。"汤的老嫩视茶而论，茶嫩则以蔡说为是，茶老则以赵说为是。

（五）焙盏

焙盏，又称"温盏""烫盏"，就是用温水烫淋点茶用的茶碗，以此预热茶盏，使它温度升高。否则注汤时温度不够，会导致茶末下沉，茶性不发。这是宋代点茶法的革新之处，后来明清的沏茶法，也都沿用了温盏或温壶的做法。

（六）点茶

宋代点茶的主泡器是茶碗，可分为两种：其一是用小碗（茶盏）点茶，点茶后直接饮用或斗茶；其二是大碗（茶钵），茶钵点茶后以勺分茶在茶盏中饮用，或欣赏汤面乳花的"水丹青"。茶盏点茶也可由几个盏花组成，构成一组亦真亦幻的"水丹青""茶百戏"。从《茶录》和《大观茶论》看，蔡襄点茶用茶盏，宋徽宗赵佶点茶用茶钵，汤瓶是点茶法区别于煎茶法的标志性茶具，有金银材质的，也有瓷、铁、石质的。审安老人在《茶具图赞》中称汤瓶为"汤提点"，赞其"养浩然之气，发沸腾之声，中执中之能，辅成汤之德"；蔡襄认为汤瓶"要小者，易候汤，又点茶，注汤有准"；赵佶强调汤瓶有利注汤的关键部位是"独瓶之口觜（同嘴）而已。觜之口欲大而宛直，则注汤力紧而不散。觜之末欲圆小而峻削，则用汤有节而不滴沥。盖汤力紧则发速有节，不滴沥，则茶面不破"[①]。即汤瓶的嘴上下口径要有相差，出水口要圆小峻削，才能注汤有力、干净、助粥面起。我们可以通过这些记载清晰地了解汤瓶作为专用茶具的功能性要求。

茶筅是点茶的另一件重要器具。茶粉和二沸水在茶碗中能否形成美妙的茶汤，就需要依靠茶筅（茶匙）来呈现了，有了茶筅的击拂才能完成水乳交融的茶汤。赵佶对茶筅的要求："茶筅以箸竹老者为之，身欲厚重，筅欲疏劲，本欲壮而末必眇，当如剑脊之状。盖身厚重，则操之有力而易于运用；筅疏劲如剑脊，则击拂虽过而浮沫不生。"[②]即茶筅以老竹制得，筅身厚重、筅条疏劲才可有助于茶乳形成。蔡襄年代早于赵佶，他用茶匙作茶筅，也可打茶形成茶汤汹涌之态，故茶筅原又名"分须茶匙"。

点茶流程大致如下：

1. 钞茶

钞茶即"抄茶""置茶"。钞茶的量依茶碗大小决定，一个现存建窑茶盏，大致四分水量，用茶粉一钱，较唐代用量大大减少，可能是因团茶茶性易发。

2. 调膏

茶盏中加适量茶粉后，持汤瓶中的二沸水注汤调膏，注水量不可太

① 赵佶，等．大观茶论［M］．北京：中华书局，2013．

② 赵佶，等．大观茶论［M］．北京：中华书局，2013．

多，能调匀茶末即可。调膏应手轻筅重，以立茶之根本。赵佶对调膏过程十分重视，认为点好茶的起源便在于调膏，还举例了两种错误的调膏手法，谓之"静面点"和"一发点"，前者手重筅轻，后者手筅俱重，都不能使茶汤立，云脚易散。

3. 击拂

汤瓶注水、茶筅击拂，是点茶的主程序。调膏后，沿碗边注汤，并利用技巧握筅在盏中"环回击拂"或"周环旋复"。蔡襄用小碗点茶注汤、击拂一次完成；赵佶用大碗点茶则加水十次、击拂十次，每次要求不一。

4. 茶乳

击拂后，茶末和水相互混合成为乳状，表面呈极小白色沏沫状，宛如白花布满碗面，盏内水乳交融，称为"乳面聚"。点得好的茶乳应是"云脚粥面""乳雾汹涌，溢盏而起"，若此时轻轻晃动茶碗，乳花是凝固不动的，称之为"咬盏"。若茶量偏少或技术不达，沫饽易显离散痕迹，如堆在碗边的茶乳花云散去，称为"云脚散"。茶末质量越好、颗粒越小，茶乳越不易现水痕；拂击越佳，茶乳越易咬盏。

宋代茶汤尚白，沫饽白色更显，其品第依次为纯白、青白、灰白、黄白等。除榨膏、研茶的工艺所致外，黑色茶碗和白色茶乳相反衬也可使得茶乳鲜白。

（七）分茶

宋徽宗《大观茶论》中有"宜均其轻清浮合者饮之"，均分茶汤而饮；宋释德洪《空印以新茶见饷》诗："要看雪乳急停筅，旋碾玉尘深注汤。今日城中虽独试，明年林下定分尝。"宋代张扩《均茶》诗："蜜云惊散阿香雪，坐客分尝雪一杯。"分尝一杯，也就是"均茶"，与《大观茶论》"宜均其轻清浮合者饮之"一致。南宋刘松年《撵茶图》、河北宣化辽代《茶道图》中，桌上均有一大茶瓯，瓯中置勺，旁边一人持汤瓶做注点状。

　　可见，在大茶碗中点茶再分到小茶盏中饮用，在当时极为普遍。陆羽煎茶法中即有分茶（酌茶）过程，宋代将此技艺精细化和艺术化了。陶谷《荈茗录》有"生成盏"和"茶百戏……并点四瓯，共一绝句""使汤纹水脉成物象者，禽兽虫鱼花草之属，纤巧如画"等。可见，在茶汤上作画写字为时人所好，而这样的画面在茶钵中更易察辨，故以巨瓯茶钵点茶，瓢勺分茶，在宋代皇宫及文人聚会中十分盛行。分茶的主要茶具是勺。蔡襄用小碗点茶不用分；赵佶用茶钵点茶，以瓢勺分茶便成为一个重要技巧和观赏要点。"过一盏则必归其余，不及则必取其不足，倾杓（勺）烦数，茶必冰矣"[①]，勺比盏大，多余的茶汤要倒回茶瓯，勺比盏小，至少两次才舀好，这样反复多次，容易使茶瓯中的茶汤冷却。故瓢勺的大小，最好恰为一盏茶的容量，太大、太小都不合适。

三、游戏的饮茶方式

　　饮茶法经过三四百年的发展，唐代和宋代都讲究茶汤，都以茶聚会、利用茶，茶理同样深沉、茶意同样优美。然而，宋代呈现出更为丰富的饮茶场景。赵佶谓之"天下之士，励志清白，竞为闲暇修索之玩，莫不碎玉锵金，啜英咀华，较筐箧之精，争鉴裁之别"[②]。可见，庙堂、城市、乡野均尚饮茶之风，皇室、缙绅、布衣无一不以饮茶为荣，饮茶方式从唐朝的内省简素，走向了充满挑战的"以艺茶游戏、举一国攻茶"[③]，具体特征表现为"竞技""绮艺""盛尚"三个方面。

（一）竞技

　　唐代煎茶以品为主，发展至宋代斗茶，已经完全成为艺术性的品茶。

---

① 赵佶，等．大观茶论［M］．北京：中华书局，2013．
② 赵佶，等．大观茶论［M］．北京：中华书局，2013．
③ 朱红缨．中国茶艺文化［M］．北京：中国农业出版社，2018．

自由浪漫、充满想象力的斗茶方式，使宋代的茶品、器具和茶人修养等都发展到一个较高的艺术领域，可以给人带来精神上的愉悦。

"斗茶"这一形式在五代时可能已出现，最早在福建建安一带流行。苏辙《和子瞻煎茶》诗中"君不见闽中茶品天下高，倾身事茶不知劳"一句，说的就是该地的斗茶。到北宋中期，斗茶已逐渐向北方传播，众人"争新斗试夸击拂"（晁冲之《陆元钧寄日注茶》）。蔡襄《茶录》中提到茶品、工具、方法都对斗茶的兴盛起到了推波助澜的作用。北宋中期以后，斗茶风靡全国。至北宋末年，宋徽宗著《大观茶论》，斗茶之风更是到达顶峰。

斗茶，首先斗技术，茶品加工及备末的技术、选水候汤的技术、调膏击拂的技术等；其次斗艺术，茶碗的艺术性、汤花的艺术性、技术操作的艺术性等。决定斗茶胜负的标准，主要看四个方面：

一是汤色尚白。宋代茶品加工工艺特殊，茶水尤其是汤花的颜色偏浅，颜色以纯白为上，青白、灰白、黄白则等而下之。色纯白，表明茶质鲜嫩，蒸时火候恰到好处；色发青，蒸时火候不足；色泛灰，蒸时火候太老；色泛黄，采摘不及时；色泛红，炒焙时火候过头。

二是汤花咬盏。汤花即点茶后在汤面上泛起的沫饽花。如果茶末研碾细腻，点汤、击拂恰到好处，可达到最佳效果，即"咬盏"。汤花呈现匀细，如若"冷粥面"，可紧"咬"盏沿，久聚不散。反之则汤花泛起，不能"咬"盏，会很快散开。汤花一散，汤与盏相接的地方就会露出"水痕"。水痕出现早者负，晚者胜。故水痕出现的早晚是决定汤花优劣的依据，即所谓蔡襄的《茶录·点茶》中的"相去一水两水"。

三是茶味甘滑。斗茶还需要品茶汤，茶汤味、香、色三者俱佳，斗茶者才算取得最后的胜利。范仲淹在《和章岷从事斗茶歌》中云："黄金碾畔绿尘飞，碧玉瓯中翠涛起。斗茶味兮轻醍醐，斗茶香兮薄兰芷。"形象而深刻地描绘出斗茶的核心内容。"夫茶以味为上。香甘重滑，为味之全"①，相较唐代茶滋味的"啜苦咽甘"，宋代的茶品加工技术尽量避开了茶叶的苦涩味，更淡雅些。而水在茶汤滋味的形成中仍有着重要的地位，据宋代江休复在《嘉祐杂志》记载："苏才翁尝与蔡君谟斗茶，蔡茶精，用惠山泉；苏茶劣，改用竹沥水煎，遂能取胜。"说明好水对茶汤滋味的重要性可超过好茶。

四是点茶"三昧"。这一项主要是评茶艺技巧。"三昧"一词原出于佛学，意为集中思虑的修行，使禅定者进入更高境界的一种力量。"点茶三昧手"是对宋代高僧南屏谦师高超的点茶技术的尊称，苏东坡对其点茶技术崇敬有加，以诗作"道人晓出南屏山，来试点茶三昧手""天台乳花世不见，玉川风腋今安有"高度赞美了谦师的点茶绝技，由于此诗广泛传诵，谦师"点茶三昧手"更是为世人所知，后来"三昧手"就成了沏茶技艺高超的代名词。

点茶三昧手表现的茶艺技巧需流畅、准确，茶艺师一手握汤瓶，一手握茶筅，注汤不滴沥、击拂有章法，顷刻间茶盏中的茶汤乳雾涌起，雪涛阵阵，汤花紧贴盏壁，咬盏不散。茶未试，技已醉人，可谓美不胜收。

宋代斗茶的情景，从元代著名书画家赵孟頫的《斗茶图》中可窥见一二。《斗茶图》是一幅充满生活气息的风俗画，共画有四个人物，身边放着几副盛有茶具的茶担。左前一人一手持杯，一手提茶桶，袒胸露臂，满脸得意，似在夸耀自己的茶质优美。身后一人双袖卷起，一手持杯，一手提壶，正将壶中茶汤注入怀中。右旁站立两人，双目凝视前者，似在倾听双方介绍茶汤的特色。从图中人物模样和衣着来看，不像文人墨客，倒像是走街串巷的"货郎"，可见斗茶之风深入民间。

---

① 赵佶，等.大观茶论［M］.北京：中华书局，2013.

（二）绮艺

宋代流行的斗茶游戏，从一定程度上而言是一种奢侈和浪费，但也可以说是我国古代品茶艺术的最高表现形式。为了展现斗茶的艺术美，达到最佳的斗茶效果，当时的人们对斗茶所用的材料和工具提出了极高的要求。正如创造书法、绘画艺术美需要消耗笔墨颜料一样，这种消耗能给人带来美的享受。从这个角度来说，人们在创作斗茶艺术美的过程中所消耗的时间和材料，以及对材料加工的精细要求，又有其合理的一面。比如，斗茶的汤花"咬盏"，不仅指汤花紧咬盏沿，还指只要盏内漂有汤花且使用建盏，不管在何位置，都可以透过汤花看到相应部位盏底兔毫纹（油滴纹）被"咬"住的样子，汤花在盏内漂动时，盏底兔毫纹会有被拉动的现象，非常生动有趣，从而形成了独特的饮茶艺术美感。

宋代饮茶方式的绮艺，还体现在"分茶"上。分茶约始于北宋初年，是当时文人士子中流行的时尚文化娱乐活动。善于分茶之人，可以利用茶碗中的水脉，创造出许多善于变化的书画来，无论是观赏者还是创作者，都可以从碗中这些图案里得到许多美的享受。分茶的妙处还有分汤花一项，宋代茶盏多为黑釉建盏，汤色尚白，颜色对比分明，建盏盏面上的汤纹水脉会变幻出各种各样的图案，有的像山水云雾，有的像花鸟鱼虫，有的又似各色人物，仿佛一幅幅瞬息万变的画图，因此也被称作"水丹青"，北宋人陶谷在《荈茗录》中把这种"分茶"的游戏叫作"茶百戏"。唐代煎茶也有分茶，刘禹锡曾在《西山兰若试茶歌》中描述"骤雨松声入鼎来，白云满碗花徘徊"，但从茶品制作工艺看，可能达不到宋代分茶的艺术美。

在宋徽宗以及众多朝廷大臣、文人雅士的推崇下，茶百戏发展到了极致。宋徽宗不仅撰《大观茶论》以论述点茶、分茶，还亲自烹茶赐宴群臣。许多文人如陶谷、陆游、李清照、杨万里、苏轼都喜爱分茶，并为其写下

了许多脍炙人口的诗文。陆游在《临安春雨初霁》中描述了分茶的情景：
"矮纸斜行闲作草，晴窗细乳戏分茶。"北宋陶谷《清异录》"茶百戏"条载：
"茶至唐始盛，近世有下汤运匕，别施妙诀，使汤纹水脉成物象者，禽兽
虫鱼、花草之属，纤巧如画，但须臾即就散灭，此茶之变也，时人谓之茶
百戏。"

　　宋代另一项艺术性饮茶方式是绣茶。"绣茶"是宫廷内的秘玩，据南
宋周密《乾淳岁时记》中记载，在每年仲春上旬，北苑所贡的第一纲茶到
宫中，包装精美，共有百饼（銙），都是用雀舌水芽所造。据说一只可冲
泡几盏，但大抵因为太珍贵，一般舍不得饮用，于是一种只供观赏的玩茶
艺术就产生了。"禁中大庆会，则用大镀金㦸，以五色韵果簇订龙凤，谓
之绣茶，不过悦目，亦有专其工者，外人罕见"，其描述的大致方法是在
大型镀金碗里，以五色韵果，簇钉成龙形凤状，再注入茶汤。梅尧臣的七
宝茶诗"七物甘香杂蕊茶，浮花泛绿乱于霞。啜之始觉君恩重，休作寻常
一等夸"描写的就是接受宫廷恩赐、由七种物品调和的绣茶。绣茶的出现
正好符合宋代的文化气息，高贵的绣茶正是朝廷文化的表征。还有一种称
为"漏影春"的玩茶艺术，大约出现于五代或唐末，到宋代时已是一种较
为时髦的饮茶方式。北宋陶谷《清异录》"漏影春"条载："漏影春法，用
镂纸贴盏，糁茶而去纸，伪为花身，别以荔肉为叶，松实、鸭脚之类珍物
为蕊，沸汤点搅。"以茶为主，加以其他果物，堆塑成花卉形，用沸汤点
搅，于是茶碗宛如一朵花，先观赏，后品尝。绣茶与漏影春同源，都是以
干茶为主的造型艺术，是调和茶精致化的代表。

　　（三）盛尚

　　宋代饮茶范围之广、流行之盛、兼容并蓄是前朝未能比拟的。赵佶的
《大观茶论》充分说明了社会饮茶风尚之盛："至若茶之为物，擅瓯闽之秀

气，钟山川之灵禀，祛襟涤滞，致清导和，则非庸人孺子可得而知矣，中澹间洁，韵高致静，则非遑遽之时可得而好尚矣。""缙绅之士，韦布之流，沐浴膏泽，熏陶德化，盛以雅尚相推，从事茗饮。""较筐箧之精，争鉴裁之别，虽下士于此时，不以蓄茶为羞，可谓盛世之情尚也。"诸如此类，不仅描述了茶的功能，更表现出饮茶与社会兴盛的关系，只有国泰民安，才能上至缙绅、下至韦布皆以茶为雅尚，"祛襟涤滞，致清导和"，提高群众修养。

宋代茶仪已成礼制，茶礼加入宫廷的朝仪、祭祀、宴席等程式之中，赐茶成为皇帝笼络大臣、眷怀亲族、安抚外邦的重要手段。上有所倡，下必效仿，下层社会的茶文化更是生动活泼，邻里迁徙要"献茶"，客来要敬"元宝茶"，订婚时要"下茶"，结婚时要"定茶"，同房时要"合茶"，等等。

文人之中更是出现了专业品茶社团，有官员组成的"汤社"、佛教徒的"千人社"等。宋代耐得翁的《都城纪胜》中称"烧香点茶，挂画插花，四般闲事，不许戾家"，可见煎茶、点茶已成为日常不可或缺的生活方式。

斗茶风起，给茶的采制烹点带来了一系列变化。宋代斗茶虽源于贡茶，却直接提高了当时的茶叶采制技术及名茶开发水平。范仲淹《和章岷从事斗茶歌》中说："北苑将期献天子，林下雄豪先斗美。"苏轼在《荔枝叹》中也说："君不见，武夷溪边粟粒芽，前丁后蔡相宠加。争新买宠各出意，今年斗品充官茶。"可见，为了获得优质的贡茶，会以斗茶来评出茶的好次。茶叶生产的发展为全社会的饮茶提供了物质保证，且能转而再促进饮茶消费。在今天，摒弃了过度的奢华之后，茶叶评比和斗茶会依旧在延续，其旨在促进茶叶品质的提高和冲泡技艺的改进，与满足不断增长的消费需求的目的是一致的。

宋代以其宽容的社会态度，大力发展商品经济，商人在这一时期得到了最大的解放，并最终取得了商业经济的大繁荣，也促进了茶叶贸易发展。宋代茶叶的生产与消费都得到了大幅度的发展，在当时茶叶已成为十分普遍的生活必需品，杂合清谈、交易、弹唱、酒食内容的茶肆、茶楼、茶坊在市民社会中盛行。王安石在《议茶法》一文中写道："夫茶之为民用，等于米盐，不可一日以无。"随着茶叶市场的不断扩大，饮茶习俗在北方尤其是西北地区从事畜牧业、以食乳酪为生的少数民族间广泛传播，这些少数民族对茶叶产生了较强的依赖性，以至到王圻《续文献通考》中"夷人不可一日无茶以生"的程度。也正因如此，茶叶贸易成了边地贸易中最赚钱、最抢手的贸易，据《文献通考》云："凡茶入官以轻估，其出以重估，县官之利甚博，而商贾转致于西北以致散于夷狄，其利又特厚。"可见，宋代茶叶贸易在国民经济及边境的战略物资地位越发重要。

茶叶生产技术的提高、茶叶经济的发展、茶叶战略地位的确立，这几点都直接或间接促进了茶叶向政治、经济、文化领域推进，使宋代饮茶不仅流于文人显贵的风雅，更成为一种普天之下的日常生活方式，显现出欣欣向荣的盛世风尚。

宋代饮茶法的要点可大致总结如下：

（1）点茶法创新了茶品开汤的方式，带来了一系列茶艺要素的改变。

（2）茶盏成为点茶法的主泡器兼用品饮器，尚黑色建窑碗，尤好兔毫纹、油滴纹等窑变建盏，以利茶汤呈现。

（3）团茶是宋代的代表性茶品，以福建为主产区。为适应点茶法的要求，其加工方法有了较大革新，从而达到点茶后茶汤"色白、香真、味甘滑、形咬盏"的标准。当时也出现了大量的散茶（草茶）、调和的花果香茶等各种茶品。

（4）斗茶的流行使宋代在茶品、茶具、茶艺、饮茶方式等方面，都提出了更高的标准，提升了技巧。艺术化的饮茶成为一种风尚，出现了茶百戏、水丹青、绣茶等艺术品鉴形式。

（5）皇帝著茶书、贡茶、茶宴、分茶游戏、点茶家礼制、汤社茶肆、茶马互市等成为宋代饮茶盛况的典型事件。

宋代是中国饮茶史中不可忽视的时代，在有了唐代茶文化作为理论先驱后，宋代更是将饮茶活动覆盖到每个阶层、每个区域。饮茶艺术化极大地带动了技术革新与市场繁荣，强化了对茶的开发利用，从而使"茶"史无前例地走在社会政治、经济、文化的前沿。

第四节　末茶法——元明饮茶

宋代的点茶法与前朝相比是进步的，但过于精致乃至繁复奢侈的团茶生产方式，其生命力并不强壮。毫无疑问，茶品制作方式的革新成为主要目标。在宋代中后期，已出现了大量的草茶以及文人立志清雅的品饮活动，但并未形成主流。直至元代，由于蒙古人入主，民族大融合在即，文化冲突难以避免，具有浓郁中原文化特征的饮茶活动也成为典型的对象。北方民族虽嗜茶如命，但主要是出于生活上的需要，从文化上对品茶煮茗之事没多大兴趣。汉族文化人面对故国破碎，异族压迫，也无心再以茶事表现自己的风流倜傥，而希望通过饮茶表现自己的情操，磨砺自己的意志。

这两股不同的思想潮流，在茶文化中契合，促进了茶艺向简约、返璞归真方向发展。同时，社会动荡也使茶叶生产和流通不及前朝的盛况。茶艺改革有了较为成熟的思想基础和社会条件，从元代至明初，在中国茶艺史上出现了过渡期的饮茶法"末茶法"。

一、元代饮茶方式

蒙古人是爱饮茶的，从历史上看，最晚在五代时期，东北地区便出现了饮茶的习俗。契丹人驱"羊三万口、马二万匹"至南唐"价市罗绮、茶药"①。到了辽宋时期，在双方的交易中，茶叶更是成了大宗。在出土的辽墓中，就有与茶有关的壁画，茶室内有6只白瓷碗、4只白瓷碟、1只白瓷托和1把执壶及果盒等。在食盒和桌子右边地上一排放有茶碾、茶盘和茶炉三组茶具。茶碾有碾槽和碾轴两个组件，茶盘中放有曲柄锯、茶刷和饼茶各一，茶炉则分炉座和炉身两层，另外上面还置有一把银执壶。可见，饮茶在当时已是很平常的事了。而到了金代，饮茶文化得到了更大的发展，"茶食"已深入寻常百姓家。所谓"茶食"，是指宴席上先上麻花类的"大软脂、小软脂"食物，后上"蜜糕"，最后才上"建茗"。《金史·食货志四》中说："上下竞啜，农民尤甚，市井茶肆相属。"金人待客通例是"先汤后茶"，茶在日常生活中占据重要地位，茶叶的需求量大幅上升，还导致了金廷"茶禁"令的颁布。

元朝政府仍十分重视茶叶的生产，出版了《农书》和《农桑撮要》两部著作，里面对茶树的种植进行了详细的描写。茶叶的制作、储存方式也由"团茶""片茶"演变成"叶茶"。《农书》作者王祯说："夫茶，灵草也。种之则利博，饮之则神清。上而王公贵人之所尚，下而小夫贱隶之所不可阙。诚生民日用之所资，国家课利之一助也。"对茶的生产和利用做出了充分的肯定。

元代，蒙古人以其质朴的秉性，批判了宋人饮茶的烦琐，扭转了愈演

① 王钦若，等.册府元龟［M］.北京：中华书局，1982：11725.

77

愈烈的暴殄天物之风。蒙古人爱直接吃叶茶、喜爱芼茶,使当时茶品和饮茶法显得兼容不拘,虽薄于文化的升华,却也为文化多样性打下了一定的基础。元代王祯的《农书》曾把当时的饮茶法归纳为四种:茗茶、末子茶、蜡茶以及芼茶。

(1)茗茶。茗茶饮用方法和现代泡茶最为相近。先选择嫩芽,然后用汤泡去青气,再煎汤热饮,这种饮茶法有可能是连茶叶一起吃进肚子里的,所以茶叶非嫩不可。

(2)末子茶。先把茶芽烘焙干燥,然后放入茶磨中细碾,直到粉末极细为止,不再榨压成饼,而是直接储存或点汤,点汤方式与点茶法相同。

(3)蜡茶。即宋代制法的团茶,但当时数量已大减,点茶方法也极为少见,大概只有宫廷权贵才吃得,而且也仅是偶尝绝品。这说明宋代的点茶法在元代已经完全没落了。

(4)芼茶。在茶中芼入胡桃、松实、芝麻、杏、栗等,共同调制煮饮。这种吃茶法虽有失茶的正味,但既可饮茶,也可食果,颇受民间喜爱。芼茶方法在当时最有名的例子是倪瓒留下来的。倪瓒素好饮茶,在惠山中以核桃、松子真粉,做成像石子般的小块,放在茶碗中,叫作清泉白石茶。一个自恃极高、文化品位极雅且潇洒超群的元代风流名士,也制得芼茶法,说明了元代茶艺改革的一个发展方向。

二、明初饮茶方式

从元代到明代中叶以前,汉人有感于前代民族沦亡,本朝一开国便国事艰难,于是仍怀砺节之志,茶文化沿承元代的志趣,表现为茶艺简约化,茶文化精神与自然契合,以茶表现自己的苦节,"苦节君"由此而来,以茶具的别称来比喻茶者人格的高洁。

不管是对劳动力节约的考虑,还是为百废待兴做准备,明太祖下诏废团茶改贡叶茶，后人于此评价甚高："上以重劳民力，罢造龙团，惟采茶芽以进。……按茶加香物，捣为细饼，已失真味。……今人惟取初萌之精者汲泉置鼎，一瀹便啜，遂开千古茗饮之宗。"但此阶段的茶艺改革并不彻底，茶人们仅将团茶改为叶茶，其余的茶汤制备和技巧方式仍沿袭宋代的点茶法，或者沿用元代末子茶的茶汤制备法，没有形成新茶艺体系。因此，后人将此过渡性的饮茶法称为末茶法。

朱权著《茶谱》，是末茶法的杰出代表："（茶）始于晋，兴于宋。惟陆羽得品茶之妙，着（著）茶经三篇，蔡襄着（著）茶录二篇。盖羽多尚奇古，制之为末，以膏为饼。至仁宗时，而立龙团、凤团、月团之名，杂以诸香，饰以金彩，不无夺其真味。然天地生物，各遂其性，莫若叶茶。烹而啜之，以遂其自然之性也。予故取烹茶之法，末茶之具，崇新改易，自成一家。为云海餐霞服日之士，共乐斯事也。"朱权《茶谱》里自成一家的末茶法，技术上大致和宋代相同，其中的茶品将团茶改成了叶茶。由于叶茶与团茶制法不同，茶汤颜色有异，所以特重饶州瓷，以之注茶，青白可爱。流程如下：

（1）备器。点茶先备茶器，包括煮水器与沏茶器。由于道家色彩浓厚，朱权特别重视茶炉，形制仿炼丹神鼎，把手藤扎，两旁用钩，上可挂茶帚、茶筅、炊筒、水滤；也可用茶灶，灶面开两穴，以置瓶。到了后代盛颙则改用竹茶炉，也就是闻名天下的惠山竹茶炉，雅称"苦节君"，为茶炉能在逆境里守节之意。此时白瓷碗已为主泡器。

（2）煮水。用瓢取汲清泉，放置于茶瓶之中，置茶炉上煮。这和前代大致相同。

（3）备茶。茶品为叶茶，先将茶叶碾为茶末，再置于茶磨里磨得更细，再用茶罗罗之。茶碾、茶磨都用青礞石为之，取其化痰去热的效果。这也是唐宋遗法。

（4）点茶。同宋代点茶，包括注汤、击拂、分茶，要求打到茶瓯里的浪花浮成"云头雨脚"为止，此时期点茶法共有四种。

第一种点分茶法：量客人的多寡，取茶末投于巨瓯中，先注入蟹眼之水，再用茶筅捧茶，茶末与水相融，不沉不浮，法同宋代。

第二种是点独饮法：直接点于个人茶瓯之中。

第三种是点笔茶法：将香草珍果杂置瓯中，再用点好的茶汤加入，此法亦古，宋代的绣茶与倪云林的清泉白石茶正是此种。

第四种是点花茶法：系由上法演变而成，但是朱权加以变化，一种是以花调香入味，再加点茶，这是宋代已有的；另一种是先点好真茶，再将梅花、桂花、茉莉花等的蓓蕾数枚，直接投入啜瓯之中，淹于茶汤之中，双手捧定茶瓯，茶汤热度催花开放，既可眼见开花美景，又可鼻嗅茶香花香，实在美不胜收，这是朱权所创。

（5）饮茶。饮茶方法除前朝已有的延续外，此期以茶果宴最为风行，客来时奉茶、奉果，先将茶汤分于啜瓯之中，以竹架（茶盘）奉茶，同时奉果。由于点笔茶往往有夺香、夺味、夺色之虞，饮佳茶若杂果就无法分辨，因此往往另以盘碟盛果。果之宜茶者有核桃、榛子、瓜仁、枣仁、菱米、榄仁、栗子、鸡头、银杏、山药、笋干、芝麻、蒌蒿、莴苣、芹菜等，果贮于品杯之中。

（6）分茶礼。朱权《茶谱》载："童子捧献于前，主起举瓯奉客曰：为君以泻清臆。客起接，举瓯曰：非此不足以破孤闷。乃复坐。饮毕，童子接瓯而退。话久情长，礼陈再三。"朱权点茶道注重主、客间的端、接、饮、叙礼仪，且礼陈再三，颇为严肃。

元明时期的饮茶法，一方面承袭宋代点茶法，一方面开启明代沏茶法。

从元代到明嘉靖年间，末茶法是当时的主流。

朱权《茶谱》序中说："予尝举白眼而望青天，汲清泉而烹活火。自谓与天语以扩心志之大，符水火以副内炼之功。得非游心于茶灶，又将有裨于修养之道矣，其惟清哉！"又曰："茶之为物，可以助诗兴而云山顿色，可以伏睡魔而天地忘形，可以倍清谈而万象惊寒。……乃与客清谈款话，探虚玄而参造化，清心神而出尘表。"以朱权为代表的末茶法，赋予茶清奇而玄虚的风格，将喝茶与修道合二为一，追求"探虚玄而参造化，清心神而出尘表"[1]的大道境界，表达了文人在逆境中以茶体悟生命意义的人生智慧。末茶法的茶艺改革也承接了当时茶人的精神需求和寄托。

第五节 沏茶法——明清饮茶

一、明清茶文化的革新

饮茶法的不断变迁，在经历了唐代的严谨规范、宋代的浪漫盛尚、元代的曲折游弋后，在明清之际又出现了新的变化。明清的茶人在对饮茶法厉行改革后，茶文化呈现出一派豁然开朗的局面。

首先是著作盛产。《中国茶经》列出了我国古代98种茶书，具体为唐代7种、宋元25种、明代55种、清代11种。按历史时期计算，唐代茶书占总数的7.14%，宋元占25.51%，明代占56.12%，清代占11.22%。可见，明代茶书占中国古代茶书的一半以上，是最为高产的年代。明代55部茶书撰写的时间分布不均，但主要集中在明代中后期。明代初期的茶书只有朱权《茶谱》、谭宣《茶马志》2种，明代中期有10种，后期为43

---

[1] 具体内容参见朱权《茶谱》。

种。明代中后期到清初的茶书共60部，占中国古代茶书总量的61.22%。其中，清代茶书主要集中在清初。明清时期丰富的茶著，涉及种茶、制茶、饮茶等技艺，内容全面、理论深入详尽，为历代少有。这与明清时期中国六大茶类的创兴、沏茶技艺及茶具形式的多元化迅速发展有着密切联系。

其次是茶诗画繁荣。明清茶诗画以及文字作品中，也体现了茶文化的多元化发展。明代茶诗230首，清代茶诗700首，虽比唐宋略有逊色，但其对茶文化情感的继承与表达仍有前朝遗风。以画寄情更体现了明代茶文化的情景交融，如唐寅的《事茗图》《品茶图》、文徵明的《惠山茶会图》等，都反映出文人们远涉高山林中，煽火烹茗、悠闲品茶的景象，表达出文人雅士追求闲适自在、寄情山水的心境。茶文化向文学作品的渗透，在明清时期表现尤为突出，《水浒传》《红楼梦》中均有较详细的茶艺茶事描写，尤其是《红楼梦》中对茶艺茶事的描写，有人统计达260次之多。

最后是茶生产水平大幅提升。中国茶类生产和制茶技术进入明代以后发生了革命性变化，这种变化突出表现在团茶罢废、炒青绿茶盛极一时、茶类多样化的工艺创新等。

散茶的制造是一门古老的工艺，唐代以前便已存在。但直到元代王祯的《农书》，才正式提到散茶的制作工艺，且还是以蒸青方法制茶。明代制茶完全过渡到以炒青绿茶为主，蒸青工艺虽仍有存在，但已不占主导地位，高档茶更是如此。因此，出现了制茶言必称炒的局面，甚至炒茶成了制茶的代名词，散茶成了茶叶的等同词，明代茶书中以此为论的记载比比皆是。

明代炒青制法技术先进、工艺完整，全面系统和准确地总结了中国古代炒青制法的经验。在明朝后期的茶书中记载，我国大部分绿茶生产地区已经改用炒青锅炒杀青技术，仅浙西和江西个别区域在岕茶生产上还保留并沿用团饼的甑蒸杀青工艺。罗廪的《茶解》中记载了包括采茶、萎凋、杀青、摊凉、揉捻、焙干等工序，每道工序均有具体而详细的操作方法和技术要求，这是中国古代茶书中关于制茶最全面、最系统和最精确的经验总结，被视为中国传统制茶学说和名贵炒青茶采制的范例和指南，时至今日仍具有极大的可操作性。

明清之际，除炒青绿茶大行其道外，黑茶、花茶、红茶、乌龙茶都有一定的发展，至此，绿、白、黄、青、红、黑六大茶类齐全。花茶虽然在南宋时就有茉莉窨茶的文献记载，但其加工方法和不同的花胚到明代才有具体记载，如朱权《茶谱》和钱椿年、顾元庆《茶谱》等。白茶虽闻名于宋，但此时是指茶树的品种，在加工学意义上的白茶创制于明代。学者们认为在田艺蘅《煮泉小品》①中提到的"芽茶以火作者为次，生晒者为上，亦更近自然，且断烟火气耳。……生晒茶瀹之瓯中，则旗枪舒畅，清翠鲜明，尤为可爱"体现了白茶加工"重萎凋，轻发酵""自然萎凋，不炒不揉"的主要特征，且为散叶冲饮。同时，明代还创制了黄茶，据钱椿年、顾元庆《茶谱》②中云："黄茶制法，亦同于炒青茶，源起于浙江，其制法近似绿茶，惟是闷堆渥黄。"而红茶源于16世纪，最先出现的是小种红茶，是用没有焙干的毛茶，经堆压发酵、入锅炒制而成。1660年，荷兰商人第一次运往欧洲的红茶就是福建崇安县（现为武夷山市）星村生产的小种红茶。后来小种红茶逐渐演变为工夫红茶。乌龙茶即青茶，据专家考证，乌龙茶创制于明末或清初年间，王草堂《茶说》记述了武夷加工乌龙茶的情况，说明当时的乌龙茶加工技术已经很成熟。青茶的产生大致认为是在绿茶、红茶的制造工艺上发展起来的，因此它应该诞生于红茶之后。而黑茶可以说是历史上固形茶的蜕变。总之，明清两代是中国古代茶叶制造技术

① 田艺蘅.煮泉小品［M］// 四库全书.1554（明嘉靖三十三年）.

② 具体内容参见钱椿年编、顾元庆删校的《茶谱》。

的鼎盛时期。自此以降，直至近代茶叶制造技术产生前，鲜有新的茶类出现和新的制茶技术问世。

基于饮茶文化社会思潮的成熟以及茶叶生产方式的创新，明清时代开创了饮茶方式的新领域。自唐以来，固形茶一直占据茶品加工主流，而明代最典型的特点便是加工方式转向了散茶、叶茶的产品形式，由此出现了与之适应的茶具、开汤方式、审美情趣等方面的革新和改变。

二、明清饮茶法的革新

我国历代饮茶法的改变主要围绕着两个方面：一是加热方式，即干茶开汤方式是"煮"还是"泡"；二是茶品制备，即干茶开汤前是借助"罗磨"还是"全具元体"。唐代煎茶法体现出的主要特征是"煮 + 罗磨"，形成了规范的饮茶方式。到宋代饮茶法，最具革命性的内容是摒弃了"煮"的开汤方式，首创了"泡 + 罗磨"的点茶法，饮茶之事得到了极大推广。

明清时期改革了茶品制备方式，在彻底批判宋代团茶制作极度浪费现象的同时，也继承和发扬了宋代点茶时煎水注汤的"泡"饮方式——沏茶法，开辟了"不假罗磨，全具元体"[①]的散叶冲饮新天地。沏茶法，又称瀹茗法、泡茶法、工夫茶法，通过茶叶浸渍的方式来呈现茶汤。与点茶法品饮时将茶末连饮不同，沏茶法仅品饮茶叶在热汤的作用下浸出的成分。比较沏茶法与远古的瘅茶法，其相同点是茶叶都泡在水里，不同点是前者只品赏茶汤，弃去叶底，而后者连茶叶一起食用。

明清时期，新的茶类不断涌现。从客观上来说，不同的茶叶加工方式决定了需要有与之相适配的沏泡方式，而这其中最明显的便是茶具的变化。历代饮茶法都讲究审美，好的器具可以更好地衬托茶汤的"色香味形"。比如，唐代的"青则益茶"推崇越窑青碗；宋代"尚白"的茶风追

---

① 具体内容参见张源《茶录》。

求建窑黑盏；明清"沦茶法"追求茶汤的本质体现，几乎都喜好白瓷品饮杯。主泡器根据不同地域、人群和茶类有着不同的选择，白瓷小壶、盖瓯、紫砂壶等皆有，且不同用具对沦茶水温和沦茶程序的要求也是不同的。因此，以主泡器和程序差异为依据，明清时期主流的沦茶法大致分为三种方式：瀹茗法、撮泡法、工夫茶法。明清时期的沦茶法具有萌动和渐进的过程特征，它围绕着主泡器的选择以及不同地域茶类生产的特点，不断完善沦茶茶艺。虽有大体如现代六大茶类的生产基础，但其沦茶法并未精细到针对每一类茶，或者同一类，不同外形品质的茶。明清时期用小壶沦泡为主流，同时也出现了盖碗的使用喜好。

（一）瀹茗

瀹茗、瀹茶，是明至清初沦茶法的主要形式。瀹茗一词早就有，如"瀹茗且盘旋、翩翩吾欲仙""瀹茗漱清筋"[①] 等。瀹，可解释为"煮""浸渍""疏导"，明清时期则用"瀹"词来表示散叶浸渍开汤的方式，是当时对饮茶方法较为正式的称呼。瀹茗法，主泡器偏好瓷质小壶，茶叶多为阳羡茶，沦茶水温不高，冲泡2～3道即弃去叶底。明代后期（16世纪末），张源著《茶录》，其书有"藏茶""火候""汤辨""泡法""投茶""饮茶""品泉""贮水""茶具""茶道"等篇；许次纾著《茶疏》，其书有"择水""贮水""舀水""煮水器""火候""烹点""汤候""瓯注""荡涤""饮啜""论客""茶所""洗茶""饮时""宜辍""不宜用""不宜近""良友""出游""权宜""宜节"等篇。《茶录》和《茶疏》为瀹茗的沦茶法打下了基础。17世纪初，程用宾撰《茶录》、罗廪撰《茶解》；17世纪中期，冯可宾撰《岕茶笺》等著作。这些作品都详细记载了明清时期的茶叶生产、茶品利用与沦茶方式，勾画出瀹茗沦茶法的大致轮廓。

---

① 具体内容参见林正大《水调歌头·括王禹偁黄州竹楼记》。

1. 茶具

瀹茗法使用的主泡器为壶，又称茶注，尤为看重瓷质小壶。冯可宾在《岕茶笺》"论茶具"条中说："茶壶窑器为上，锡次之。茶杯汝、官、哥、定，如未可多得，则适意者为佳耳。……茶壶以小为贵，每一客，壶一把，任其自斟自饮，方为得趣。"即茶壶宜小，材料上以釉窑器为主。许次纾在《茶疏》的"瓯注"里也提出："茶注以不受他气者为良，故首银次锡。……其次内外有油瓷壶亦可，必如柴、汝、宣、成之类，然后为佳。然滚水骤浇，旧瓷易裂可惜也。"对茶壶的大致意见是首推银壶，其次锡壶，然后是上釉瓷壶。许次纾时代已出现了紫砂陶器，时人对其评价也可从《茶疏》中略窥一二："往时龚春茶壶，近日时彬所制，大为时人宝惜。盖皆以粗砂制之，正取砂无土气耳。随手造作，颇极精工，顾烧时必须为力极足，方可出窑。然火候少过，壶又多碎坏者，以是益加贵重。火力不到者，如以生砂注水，土气满鼻，不中用也。较之锡器，尚减三分。砂性微渗，又不用油，香不窜发，易冷易馊，仅堪供玩耳。其余细砂，及造自他匠手者，质恶制劣，尤有土气，绝能败味，勿用勿用。"可见，当时必须是极上品的陶器才能作为泡茶的器具，一般的砂性壶并不堪用。

品茗器的茶盏，也有称茶瓯等。明清的品茗器崇尚白瓷小茶盏，利于汤色呈现，时人对其要求为"盏以雪白者为上，蓝白者不损茶色，次之""纯白为佳，兼贵于小。定窑最贵"[1]。明清代茶书中还提到瀹茶法的其他茶具，诸如瓢、巾（拭盏布）、分茶盒、汤铫（煮水器）、茶盂等，与现代使用的瀹茶器皿类似。

2. 瀹茶方式

明清瀹茶法的投茶量、茶水比、汤铫火候等，都与当下相近。明清时代的散叶冲泡对何时投茶已十分讲究，谓之上投法、中投法、下投法，如

---

① 许次纾. 茶疏［M］. 北京：中华书局，2020.

张源描述："投茶有序，毋失其宜。先茶后汤曰下投，汤半下茶，复以汤满，曰中投。先汤后茶曰上投，春秋中投，夏上投，冬下投。"[①]此方式一直沿用至今。也有一些茶人的投茶方式更复杂些，如许次纾的方法：先入汤、后投茶，顷刻后即出汤至盂（类似现今的公道杯），再复注入茶壶，等候三呼吸时间才可敬客。他认为这样的过程有利于茶汤色、香、味呈现出"乳嫩清滑，馥郁鼻端"[②]的状态。

明清时代，大多数茶人强调洗茶的过程，如冯可宾在《岕茶笺》中描述："次以热水涤茶叶，水不可太滚，滚则一涤无余味矣。以竹箸夹茶于涤器中，反复涤荡，去尘土、黄叶、老梗净，以手搦干，置涤器内盖定，少刻开视，色青香烈，急取沸水泼之。"可谓较典型的洗茶方式。由于散茶相比前朝的固形茶更易走味变异，所以茶人们对如何在干燥、密封的环境下保存茶叶也是颇有心得，这些传统方法在今天仍有沿用。

当时也有茶人对瀹茗法不满，希望能恢复到唐代的煎茶法，比如，清代震钧《天咫偶闻·卷八·茶说》中记载道："煎茶之法，失传久矣，士夫风雅自命者，固多嗜茶，然止于以水瀹生茗而饮之，未有解煎茶如《茶经》《茶录》之所云者。屠纬真《茶笺》论茶甚详，亦瀹茶而非煎茶。……然后知古人之煎茶为得茶之至味，后人之瀹茗，何异带皮食哀家梨者乎。"可见，每个时代都存在对当时饮茶法的批判。

（二）撮泡

撮泡法的典型特征：茶叶投入茶盏直接注汤，茶盏既是主泡器，又是品茗器。撮泡一词来源于钱塘人陈师《茶考》中所记："杭俗烹茶，用细茗置茶瓯，以沸汤点之，名为撮泡。"即撮泡法是杭州的习俗，为细茗置茶瓯以沸水沏泡的方法。在约撰于1554年的田艺蘅的《煮泉小品》"宜茶"

---

① 具体内容参见张源《茶录》。
② 许次纾. 茶疏［M］. 北京：中华书局，2020.

条中也有记载："芽茶以火作者为次，生晒者为上，亦更近自然……生晒茶瀹之瓯中，则旗枪舒畅，清翠鲜明，尤为可爱。"以生晒芽茶在茶瓯中开汤，芽叶舒展，青翠鲜明，甚是可爱，这是关于散茶在瓯盏中沏泡的最早记录。

清代中前期有在工夫茶区，人们不饮工夫茶而喜好撮泡的记载。乾隆十年（1745）《普宁县志·艺文志》中收录了主纂者、县令萧麟趾的《慧花岩品泉论》，其中有这样一段话："因就泉设茶具，依活水法烹之。松风既清，蟹眼旋起，取阳羡春芽，浮碧碗中，味果带甘，而清冽更胜。"茶取阳羡，器用盖碗，芽浮瓯面，这便是撮泡茶的方式，可见当时还是有一些人以撮泡方式来饮茶的。

（三）工夫茶

现代工夫茶起源于明清时期。"壶黝银、锡及闽、豫瓷，而尚宜兴陶。"[①] 随着明代中期紫砂壶的兴起，广东、福建地区饮茶方式有了显著改变，清代以后工夫茶达到了较为鼎盛的状况。

乾隆三十一年（1766）曾任县令的溧阳人彭光斗在《闽琐记》中说："余罢后赴省，道过龙溪，邂逅竹圃中，遇一野叟，延入旁室，地炉活火，烹茗相待。盏绝小，仅供一啜。然甫下咽，即沁透心脾。叩之，乃真武夷也。客闽三载，只领略一次，殊愧此叟多矣。"当时的县令第一次享受到工夫茶的沏茶方法和滋味，应该说工夫茶是从民间传向官方的。20年后，即乾隆五十一年丙午（1786），袁枚在《随园食单》中记下了他饮用武夷茶的经过和感想："余向不喜武夷茶，嫌其浓苦如饮药。然丙午秋，余游武夷曼亭峰、天游寺诸处，僧道争以茶献。杯小如胡桃，壶小如香橼，每斟无一两。上口不忍遽咽，先嗅其香，再试其味，徐徐咀嚼而体贴之，果

---

① 具体内容参见周高起《阳羡茗壶系》。

然清芬扑鼻，舌有余甘。一杯之后，再试一二杯，令人释躁平矜，怡情悦性。始觉龙井虽清而味薄矣，阳羡虽佳而韵逊矣！"极为详细地描述了工夫茶程序，也生动表现出对工夫茶的喜爱。

在后续的文献中，出现了更多对工夫茶的记载。清代俞蛟的《梦厂杂著》卷十《潮嘉风月》中记载："工夫茶，烹治之法，本诸陆羽《茶经》，而器具更为精致。炉形如截筒，高约一尺二三寸，以细白泥为之。壶出宜兴窑者最佳，圆体扁腹，努嘴曲柄，大者可受半升许。杯盘则花瓷居多，内外写山水人物极工致，类非近代物，然无款识，制自何年，不能考也。炉及壶盘，各一。唯杯之数，则视客之多寡，杯小而盘如满月。此外尚有瓦铛、棕垫、纸扇、竹夹，制皆朴雅。壶盘与杯，旧而佳者，贵如拱璧，寻常舟中不易得也。先将泉水贮铛，用细炭煎至初沸，投闽茶于壶内冲之，盖定，复偏（遍）浇其上，然后斟而细呷之。气味芳烈，较嚼梅花更为清绝，非拇战轰饮者得领其风味。"这一记载，远较《龙溪县志》《随园食单》详细，如炉之规制、质地，壶之形状、容量，瓷杯之花色、数量，以至瓦铛、棕垫、纸扇、竹夹、细炭、闽茶，均一一提及。而投茶、候汤、淋罐、筛茶、品呷等冲沏程式，亦是尽得其要。因此，该书问世后便成工夫茶文献之圭臬，至今各种书、辞典中的"工夫茶"条例，皆据此阐说。

寄泉《蝶阶外史》中对"工夫茶"叙说亦相差不多："壶皆宜兴沙质。龚春、时大彬，不一式。每茶一壶，需炉铫三候汤。初沸蟹眼，再沸鱼眼，至连珠沸则熟矣。水生汤嫩，过熟汤老，恰到好处，颇不易。故谓天上一轮好月，人间中火候一瓯，好茶亦关缘法，不可幸致也。第一铫水熟，注空壶中烫之泼去；第二铫水已熟，预用器置茗叶，分两若干立下，壶中注水，覆以盖，置壶铜盘内；第三铫水又熟，从壶顶灌之周四面。则茶香发矣。"详细记叙了候汤、汤壶、置茶、沏茶的过程。

三、淡远清真的饮茶方式

明清时期开创了散茶冲瀹法，饮茶方式则继续发扬了前朝"以茶聚会、以茶利用、茶理深沉、茶意优美、茶技卓越、茶事盛尚"①的传统理念和优秀风格，并在此基础上进一步突出了时代的个性和特征。明清时代饮茶方式展现出饮茶日用、茶艺细致、气象万千的新面貌。

（一）饮茶日用

明清时期，借饮茶之机进行日常生活的聚会仍是饮茶活动的主要内容，逐渐形成了固定的家庭饮茶场所和社会交往场合。前者是明代专为饮茶之事设计的"茶寮"，后者则是"茶馆"。

屠隆《茶说》"茶寮"条记："构一斗室，相傍书斋，内设茶具，教一童子专主茶役，以供长日清谈，寒宵兀坐。幽人首务，不可少废者。"张谦德《茶经》中也有"茶寮中当别贮净炭听用……茶炉用铜铸，如古鼎形，……置茶寮中乃不俗"。许次纾对茶寮的论述："小斋之外，别置茶寮。高燥明爽，勿令闭塞。壁边列置两炉，炉以小雪洞覆之，止开一面，用省灰尘腾散。寮前置一几，以顿茶注、茶盂，为临时供具。别置一几，以顿他器。旁列一架，巾悦悬之……"②诸如此类的描写不胜枚举，可见明清茶人不仅有前朝茶人对自然环境中饮茶的情趣偏好，并更进一步将家事饮茶列为独立的居所结构，并做出专门设计。这也成了茶事活动融入并构成人们日常生活方式的一个显著特征。

清代是我国茶馆的鼎盛时期，茶馆已成为人们日常生活的一个重要场所。据记载，仅北京有名的茶馆已达30多家。清末，上海更是达66家之多。乡镇茶馆的发达也不亚于大城市，如江苏、浙江一带，有的全镇居民

---

① 朱红缨.中国茶艺文化［M］.北京：中国农业出版社，2018.
② 具体内容参见许次纾《茶疏》。

只有数千家，而茶馆竟达到百余家之多。茶馆是中国茶文化中引人注目的部分，其作为社会商业文化的典型，在明清时期的文学、书画作品中频繁出现。清代茶馆的功能主要分为三种：一是饮茶聊天，类似前朝品茗会，也称清茶馆，店堂布置较古朴雅致，来喝茶的多为文人雅士，也有商人、手工艺者等，是"聆市面"①的好场所；二是饮茶佐食，算是茶果会的延续，茶馆中增设点心经营或点心店增加茶水供应，扩大营业范围，满足顾客要求；三是饮茶听戏，称之为茶戏会，茶馆设一舞台邀请艺人，为茶客唱戏、说书、表演杂技等来增添茶馆的文化内容，以招揽生意。茶馆作为一个社会公共场所，有时也承担一些与饮茶无关的事情。如"吃讲茶"，邻里乡间发生纠纷后，双方常常邀上主持公道的长者或中间人，到茶馆去评理以求圆满解决，如调解不成，也会有碗盏横飞、大打出手的时候，茶馆也会因此而面目全非。茶馆有时还兼赌博场所，江南集镇上尤多。随着清代茶馆的兴盛，其逐渐成为反映社会生活形态的一个缩影。

在茶利用这一方面，清代药茶研究也进入新的发展时期，如陈鉴《虎丘茶经注补》、刘源长《茶史》、陆廷灿《续茶经》等都对茶饮和药茶优劣进行了更加全面和系统的研究。以茶药用、以茶食用、茶利健康等方面，明清时期都有极大的发展，在我国茶医药发展史上，明清茶书可谓颇占一席之地。

（二）茶艺细致

散茶的革新，使茶艺与前朝有了较大的区别。明清茶人对茶艺五个元素有了更为精致的审美要求，提出了"造时精，藏时燥，泡时洁。精、燥、洁，茶道尽矣"②的茶艺规则，并对茶艺的"茶、水、火、器、境"五

---

① 打听消息。
② 具体内容参见张源《茶录》。

部分内容制定了详细的鉴别方法和规定。

茶：明清时期叶茶为品饮主流，茶艺的所有要素都以呈现茶叶"色、香、味、形"为中心，比如，明末清初的陈贞慧《秋园杂佩》中评上品芥茶："色、香、味三淡，初得口，泊如耳，有间，甘入喉，静入心脾，有间，清入骨。嗟乎！淡者，道也。"清淡而有后味，是芥茶被广为赏识的一大特点，武夷山工夫茶法的"色香味"取胜更不待说。由于瀹茗法和工夫茶法都用瓷壶或紫砂壶来沏泡，茶叶外形较难观察，故"形"的部分不能很好地展现。但在撮泡法中，茶人们多次抒发了茶之叶底在杯中"旗枪舒畅，清翠鲜明，尤为可爱"①的审美趣味，可见芽叶完整可以大大增强饮茶时的观赏效果，这一观点为现代茶艺采用玻璃杯、壶、碗等器具，以强化茶叶"形"的审美打下了基础。明清时期对干茶的保存，以及干茶在开汤前的洗茶，都有较明确的规定和操作方法。

水：由于直接用叶茶沏泡，所以如何用水来更好地发挥茶性，在沏茶法茶艺中的地位越来越重要，到明清时期，茶人们对择水的重视度更上一个层次。茶与水孰重孰轻在明清时期论述得更加明确，张大复在《梅花草堂笔谈》中认为："茶性必发于水，八分之茶，遇十分水，茶亦十分矣。八分之水，试十分茶，茶只得八分耳。"许次纾在《茶疏》中也认为："精茗蕴香，借水而发，无水不可与论茶也。"宜茶之水应清洁、甘冽，为求好水，可以不远千里。

火：明清时期对火的关注侧重候汤的技术环节。《茶录》"汤辨"条载："汤有三大辨十五辨。一曰形辨，二曰声辨，三曰气辨。形为内辨，声为外辨，气为捷辨。如虾眼、蟹眼、鱼眼、连珠，皆为萌汤，直至涌沸如腾波鼓浪，水气（汽）全消，方是纯熟；如初声、转声、振声、骤声，皆为

---

① 田艺蘅.煮泉小品［M］//四库全书.1554（明嘉靖三十三年）.

萌汤，直至无声，方是纯熟；如气浮一缕、二缕、三四缕，及缕乱不分，氤氲乱绕，皆是萌汤，直至气直冲贵，方是纯熟。"又"汤用老嫩"条称："今时制茶，不假罗磨，全具元体，此汤须纯熟，元神始发也。"许次纾则论述："水一入铫，便须急煮。候有松声，即去盖，以消息其老嫩。蟹眼之后，水有微涛，是为当时，大涛鼎沸，旋至无声，是为过时。过则汤老而香散，决不堪用。"故有了好水，还需要会煮汤、辨汤，火候若掌握不当不利茶性发挥。

器：叶茶的兴起，使茶壶被更广泛地应用于百姓的茶饮生活中，茶盏也由黑釉瓷变成了白瓷和青花瓷，以更好地衬托茶色。除了生产白瓷的定窑、汝窑、官窑、哥窑、宣德窑等名窑，景德镇的青花茶具异军突起，达到高峰，并在青花的基础上创造出平彩、五彩、填彩等新瓷，这些瓷器烧制技术基本上是在制作茶具中发展出来的。除白瓷和青瓷外，明清最为突出的茶具便要数宜兴的紫砂壶了，紫砂茶具不仅因为瀹饮法而兴盛，其形制和材质，更是迎合了当时社会所追求的平淡、端庄、质朴、自然、温厚、娴雅等精神需要。紫砂艺术的兴起和独立，也是明清茶文化的一个丰硕果实。同时，工夫茶的兴盛也带动了专门的饮茶器具，如特别规定形制的汤铫、茶炉、茶壶、茶盏等，被称为"烹茶四宝"。

境：明清时期的茶人们对茶境的选择和描述更为生动，也更趋于人文。16世纪后期，陆树声撰《茶寮记》"茶候"条有"凉台静室，明窗曲几，僧寮道院，松风竹月"等；徐渭撰《煎茶七类》，内容与陆树声所撰类似；徐渭《徐文长秘集》又有："品茶宜精舍、宜云林、宜寒宵兀坐、宜松风下、宜花鸟间、宜清流白云、宜绿鲜苍苔、宜素手汲泉、宜红装扫雪、宜船头吹火、宜竹里瓢（飘）烟。"许次纾《茶疏》"饮时"条有"明窗净几、风日晴和、轻阴微雨、小桥画舫、茂林修竹、课花责鸟、荷亭避暑、小院焚香、清幽寺院、名泉怪石"等24宜;冯可宾则提出了宜茶13个条件及不适宜品茶的"禁忌"7条;等等。虽然描述的对象是品茶环境,但实际上都是明清茶人在生活中的情感寄托,从这一侧面我们也可以窥见当时日常生活艺术的审美趋向。

(三)气象万千

明清之际的饮茶法,当时人称之为"开千古饮茶之宗"。其"简便异常,天趣悉备,可谓尽茶之真味矣"[①],可谓返璞归真,自然朴实。艺术来源于社会生活,饮茶艺术也是如此。明清时期从制茶到饮茶,其过程删繁就简,给饮者留下了充分的自我发挥空间,明清饮茶的审美从"形尽神不灭"的中国古典审美中得到启发,饮茶的精神活动开始超越了固化的饮茶过程,从中萌发出"天人合一""神思妙悟"的审美情趣,呈现出气象万千的艺术风度,这一点超越了前朝各个时代。

"天人合一"即人与自然相契合,这种境界向为茶人所求。明清之茶"不假罗磨,全具元体"[②],使饮茶之人能在茶汤中感知茶叶在山野中的生长状态,饮茶活动是对自然的二次创造,同时它反映了一定的社会活动,客观上拉近了人与自然的关系。因此,在明清时期,天人合一的理想更多地被茶人所提及。对茶叶生产方式的革新,本身也是将当时社会返璞归真的理想付诸现实的表征。饮茶自陆羽始就不是单纯的生理功能之用,更多地反映了当时茶人在其上构筑的理想和抱负,试图求证自然与人类社会发展所具有的相互感应的规律。在天人合一的理想下,明清茶人拥有更加饱满的人文情怀:崇尚自然、关心民生、大隐于市、趣味生动。

神思妙悟呈现两种审美路径,一是神与物游,二是不可凑泊。宋代斗

---

① 文震亨.长物志[M].苏州:苏州古吴轩出版社,2021.

② 具体内容参见张源《茶录》。

茶在茶汤中获得艺术想象力和美的享受；而到明清，更多茶人追求"无味之味，乃至味也"①的境界，将"有"和"无"放置在同一对象上感知美。陆树声认为茶中三昧"非眠云跂石人，未易领略"②，更有喻政在《茶书全集》中说"不甚嗜茶，而淡远清真，雅合茶理"，即便无茶，也能体会到茶的情怀，这一点非"不可凑泊"之不易得了。

只有在妙悟中，自身的情感意趣才能和日常生活、日常景物更紧密地契合为一体，人们的行为、生活、环境经升华后构成一个艺术境界，并通过妙悟来达到"天人合一""物我两忘"的极致。而正是由于对"天人合一""神思妙悟"的追求，明清饮茶方式呈现的美既在物象之内，又在物象之外，可谓包容万象，气韵生动。

---

① 具体内容参见陆次云《湖壖杂记》。

② 陆树声.茶寮记［M］.济南：齐鲁书社，1995.

第三章　高山流水——茶音乐艺术鉴赏

第一节　历史悠远——古茶歌谣

一、传统的茶歌

传统茶歌是开放在民歌艺苑中的一朵奇葩，它的旋律委婉、流畅，曲调优美、动听，节奏轻松、活泼，具有浓郁的地方色彩和独特的民间风味，是劳动群众最喜闻乐见的艺术形式之一。现流传于全国各大茶叶产区的传统茶歌，数不胜数，美不胜收。由于我国幅员辽阔，地理环境、政治经济、历史文化、风俗习惯、语言特征等不同，传统茶歌形成了不同的地域特色，并构成不同的艺术特点，从分布情况看，大致可分为。

（1）南方诸省的传统茶歌特征：多由徵、羽两种五声调式构成，一般均为单乐段结构，也有加入衬句或因歌词的重复，成为较大的乐段形式。旋律流利优雅、平和柔顺，多用级进和小跳。节奏轻松活泼，感情细致秀美、纯朴亲切。如《茶山三月好风光》（江西永新民歌）。

（2）西南诸省的传统茶歌特征：音调起伏较大，在旋律进行中，四度以上的跳进比较典型，七度大跳也时有出现。节奏明快，情绪较为热烈，特别是具有浓郁地方特色的衬字、衬句、衬腔的运用，非常巧妙和有趣。

这种刚柔并重、柔中显刚的风味，使西南茶歌别具一格，富有鲜明的地域特点。如《上茶山》（贵州印江民歌）。

二、历代的茶歌

专门茶歌的出现，目前最早见之于元代。根据文学艺术产生的规律，有茶叶生产的地方应该就有茶歌。所以，茶歌的产生时间应该很早。目前的文献记载，元代周德清《中原音韵》乐府三三五章中辑有《采茶歌》曲牌，说明当时民间流行的采茶歌已被收入乐府。

而明代汤显祖在浙江遂昌任县令时，写给友人的诗中有"长桥夜月歌携酒，僻坞春风唱采茶"。这里所唱的采茶歌，应该是当时流行的，但没有具体的歌词记录。

到唐代，著名诗人刘禹锡的《西山兰若试茶歌》也是古代文人创作茶歌的经典作品。他在歌中写道：

> 山僧后檐茶数丛，春来映竹抽新茸。
> 宛然为客振衣起，自傍芳丛摘鹰觜。
> 斯须炒成满室香，便酌砌下金沙水。
> 骤雨松声入鼎来，白云满碗花徘徊。
> ……

这首茶歌描述了西山寺的饮茶情景。僧侣看到有贵客进寺，便去采茶、制茶、煎茶。由于现采、现制、现喝，茶格外好喝。"木兰沾露香微似，瑶草临波色不如。"说它比唐代贡茶蒙顶茶、顾渚紫笋茶还好。由此作者感叹，要尝到好茶，就要生活在茶区，做一个"眠云跂石人"。这虽然是诗的形式，但在当时是可以吟唱的。

与刘禹锡同时代的杜牧写了一首《题茶山》。诗中谈道"舞袖岚侵涧，歌声谷答回。磬音藏叶鸟，雪艳照潭梅"，描绘了当年在茶山采茶载歌载舞的热闹场面。其实，中国各民族的采茶姑娘，历来都能歌善舞，特别是在采茶季节，茶区几乎随处可听到尽情歌唱的声音，随处可见到翩翩起舞的身影。

清代时，钱塘（今杭州）诗人陈章的《采茶歌》，写的是"青裙女儿"在"山寒芽未吐"之际，被迫细摘贡茶的辛酸生活：

> 凤凰岭头春露香，
> 青裙女儿指爪长。
> 度涧穿云采茶去，
> 日午归来不满筐。
> ……

此外，还有唐代文学家李郢表达对采制贡茶人民深切同情的《茶山贡焙歌》；晚唐诗人温庭筠描述西陵道士煎茶、饮茶的《西陵道士茶歌》；北宋文学家范仲淹以夸张手法描述当时斗茶盛况的《和章岷从事斗茶歌》；元代诗人洪希文的《煮土茶歌》；清代文学家曹廷栋的《种茶子歌》；等等。

总之，在中国茶文化中有关记载茶歌谣的史料很多。时至今日，我们依然可以在茶山随处见到采茶时载歌载舞的热闹情景。所以，在茶乡有"手采茶叶口唱歌，一筐茶叶一筐歌"之说。

三、丰富的茶谣

茶谣属于民谣、民歌，为中华民族在茶事活动中对生产生活的直接感受，不但记录了茶事活动的各个方面，而且自身也构成了茶文化的重要内

容。其形式简短，通俗易唱，寓意颇为深刻。茶谣类型分山歌、情歌、采茶调、采茶戏、劳动号子、小调等，表达的形式多种多样，内容有农作歌、佛句茶俗歌、仪式丧礼歌、生活歌、情歌等。

（一）历代经典茶谣欣赏

茶谣是民间的文化形式，在情感表达和内容陈述上，带有明显的民间"以物作比"的思维方式。它们是茶区劳动者生活情感自然流露的产物，没有经过文人的采用和润色，故而较多保留着原有的真美以及茶乡的民风民俗，如："太阳落土万里黄，画眉观山姐观郎。画眉观山天要晚，姐观郎来进绣房，红罗帐子照鸳鸯。"此谣以画眉鸟黄昏时对山鸣唱来比兴茶乡女张望意中人，画眉鸟的啾啾之音在呼唤林中之偶，茶乡女的"观郎"则在期待情郎来像鸳鸯一般共度春宵。

在明代正德年间，浙江还曾因为民间的茶谣而发生过一起"谣狱案"。此案起因于浙江杭州富阳一带流行的《富阳江谣》。这首民谣是现有能够见到全文的最早茶谣。歌谣以通俗朴素的语言，反映了茶农的疾苦，控诉了贡茶的罪恶。此事被当时的浙江按察金事韩邦奇得知，便呈报皇上，并在奏折中附上了这首歌谣，以示忠心，不料皇上大怒，以"引用贼谣，图谋不轨"之罪，将韩邦奇革职为民，险些送了性命。这首歌谣是这样写的："富春江之鱼，富阳山之茶。鱼肥卖我子，茶香破我家。采茶妇，捕鱼夫，官府拷掠无完肤。昊天何不仁？此地一何辜？"

盛产鱼和茶叶的浙江富阳，由于官府的横征暴敛而民不聊生，人民用歌谣发出了愤怒的呼喊。当时地方官韩邦奇给明朝皇帝递了奏章，并附上这首茶歌，却惹恼了昏庸残暴的皇帝，反被削籍为民。这类茶歌，自然不是在花前月下、闲暇品茗时的吟唱。不过，也有不少茶歌以欢乐、明快为基调，以爱情生活为主题，呈现出另一种情景。例如，江西余江的《采茶歌》："姐妹个采茶忙，采呀采茶忙，一路同把茶山上。双手个采得快，采呀采得快，装了一筐又一筐。茶叶个长得好，长呀长得好，姐妹心里喜洋洋。"

又如，江西南城的《采茶谣》："茶树青青生嫩芽，茶娘工罢看晚霞。姐儿小娇郎儿健，茶娘工罢看晚霞。"

大名鼎鼎的龙井茶也曾在20世纪三四十年代被传唱过，不少是反映茶农辛苦生活的歌谣。一首叫《龙井谣》："龙井龙井，多少有名。问问种茶人，多数是客民。儿子在嘉兴，祖宗在绍兴。茅屋蹲蹲，番薯啃啃。你看有名勿有名？"

当然，茶农的生活是多层面的，民歌《采茶女》，亲切生动，感人肺腑，并具有浓郁的乡土气息："正月里来是新年，姐妹上山种茶园，点种茶籽抓时机，耽误季节要赔钱。二月里来茶发芽，边施肥料边采茶，采得满篓白毛尖，做好先敬老东家。三月里来茶碧青，谷雨之前更抓紧，双手采茶快如飞，勤劳换来好收成……"

在台湾，民间还经常出现用来表达心声和传递爱情的茶歌谣："好酒爱饮竹叶青，采茶爱采嫩茶心。好酒一杯饮醉人，好茶一杯更多情。""得蒙大姐暗有情，茶杯照影影照人。连茶并杯吞落肚，十分难舍一条情。"等朗朗上口的茶歌谣。

（二）茶谣的艺术特点

1. 从茶事活动中掇取生动无比的鲜活素材。描写采茶，姑娘们上山采茶，喜悦与辛苦都可以产生茶谣。广西的《采茶调》改编后，选入《刘三姐》文艺作品，至今传唱，成为经典："三月鹧鸪满山游，四月江水到处流，采茶姑娘茶山走，茶歌飞上白云头。"

比如，炒茶，一夜到天亮，信阳茶区的炒茶工，在辛苦工作中产生了《炒茶歌》："炒茶之人好寒心，炭火烤来烟火醺，熬到五更鸡子叫，头难

抬来眼难睁，双脚灌铅重千斤。"

卖茶也有茶谣，益阳茶歌《跑江湖》这样唱道："情哥撑篙把排开，情妹站在河边哭哀哀。哥哎！你河里驾排要站稳，过滩卖茶要小心。妹哎！哥是十五十六下汉口，十七十八下南京，我老跑江湖不要妹操心。"

2. 有强烈的叙事传统。《采茶调》是民间歌谣中一种特殊的体例，尤其是十二月采茶调，分顺采茶和倒采茶，分别从一月到十二月，或者从十二月到一月，其叙事性极强。"近代"歌谣发展到一定时机，人们的叙事要求增强，所以借重"十二月采茶调"这种形式，这也是一种结构意识的觉醒与成熟。通常一月一事，一节一例。

"三月采茶茶叶青，红娘捧茶奉张生。张生拉住莺莺手，莺莺抿嘴笑盈盈。"寥寥二十八字将一部《西厢记》故事全部写尽。

另有描写楚汉纷争的茶谣："四月采茶茶叶长，韩信追赶楚霸王。霸王逼死乌江上，韩信功劳不久长。"楚汉纷争在这节采茶调中显得十分悲怆，对为大汉江山立下汗马功劳的韩信进行了概括，让人读后不禁为英雄的生死无常长叹一声。

"五月采茶五月团，曹操人马下江南。孔明曾把东风借，庞统先生献连环。"这节讲的三国赤壁之战，采茶调中没去刻画宏大激烈的战场，而是对在此役中两个谋士的破曹良策进行"点击"，不得不感叹此调创作者对历史人物和历史事件的娴熟掌握。

3. 茶农们的强烈情感。在茶谣中，人们对生活有着极为强烈的表达方式，首先就表现在爱情上，大量茶谣中出现了情歌。青年男女茶农在劳动时产生了爱情，往往用茶谣表示，茶谣成了他们倾诉衷肠的文化形式与文明途径。如《安徽茶谣》中的情歌唱道："四月里来开茶芽，年轻姐姐满山爬，那里来个小伙子，脸儿俏，嗓音好，唱出歌儿顺风飘，唱得姐姐心扑扑跳。"

湖南的《古丈茶歌》生动地描述了男女约会的心情："阿妹采茶上山坡，思念情郎妹的哥；昨夜约好茶园会，等得阿妹心冒火。"

河南的茶谣火辣辣："想郎浑身散了架，咬着茶叶咬牙骂，人要死了有魂在，真魂来我床底下，想急了我跟魂说话。"

四川的《太阳出来照红岩》："太阳出来照红岩，情妹给我送茶来。红茶绿茶都不爱，只爱情妹好人才。"

对生活的艰辛也在茶谣中体现。皖南茶谣透露出种茶人经济窘困、生活贫困的沉重哀叹："小小茶棵矮墩墩，手扶茶棵叹一声。白天摘茶摘到晚，晚上炒茶到五更，没得盘缠怎回程？"

4. 鲜明的艺术形象。比如，四川茶谣《茶堂馆》里的店小二："日行千里未出门，虽然为官未管民。白天银钱包包满，晚来腰间无半文。"

《掺茶师》中唱道："从早忙到晚，两腿多跑酸。这边应声喊，那边把茶掺。忙得团团转，挣不到升米钱。"

《丑女》中的茶女则十分胆大："打个呵欠哥皱眉，姐问亲哥想着谁。想着张家我去讲，想着李家我做媒，不嫌奴丑在眼前。"这位自觉容貌不美的女子，对待她所默默爱着的"阿哥"，意欲为之分忧，哪怕牺牲自己的爱情为他去说媒。而最后表露了"不嫌奴丑在眼前"的毛遂自荐态度，大胆与直白，足使缙绅雅士瞠目结舌。

而聪明姑娘的心理也在茶谣中一目了然："早打扮，进拣场，拿手巾，包点心，走茶号，喜盈盈，拣四两，算半斤，这种人情记在心。"讲述了采茶姑娘打扮得漂漂亮亮到茶场卖茶，茶号中的小伙计见姑娘来啦，情有所动，过秤时四两算成了半斤。

一首茶歌，犹如一个小故事、一幅风情画："温汤水，润水苗，一桶油，两道桥。桥头有个花娇女，细手细脚又细腰，九江茶客要来谋（娶）。"描述了一个到外地卖茶的年轻商人，看上了站在桥头的苗条少女，决心娶她。不禁使人想起《诗经》里的"关关雎鸠，在河之洲。窈窕淑女，君子好逑"。

5.新颖精巧的艺术构思。独具一格的表现手法和优美生动的民间语言。茶谣在句式、章段、结构、用韵、表现手法方面和民歌一样，都有自己的特点，比兴、夸张、重叠、谐音等手法也多有运用。揭露抨击性的时政歌谣，常用谐音、隐语；双关语在情歌中运用较多；拟人化手法，儿歌中较为常见。

比如，江西安福表嫂茶歌就很典型："一碗浓茶满冬冬，端给我的好老公。浓茶喝了心里明，不惹蝴蝶不招蜂。"其余女子以碗盖伴奏，这是以暗喻的方式告诉丈夫不要变心。

第二节　尽情吟唱——现代茶歌曲

一、新中国成立后的茶歌

新中国成立后，在音乐工作者们的精心创作下，一批以"茶"为题材的优秀歌曲相继问世，它们都具有浓郁的民族风格、鲜明的时代特征，且具有热情、欢快、奔放和优美动听等特点。其中，以《请茶歌》《采茶舞曲》《挑担茶叶上北京》《大碗茶》等为代表的茶歌在全国广泛流传，家喻户晓，真可谓茶香飘四海，茶歌飞天外。它们在新中国音乐发展史上，留下了华彩篇章。

《请茶歌》被评为中央人民广播电台"建国四十周年广播金曲"，《挑担茶叶上北京》已成为我国民族声乐作品的典范，而《采茶舞曲》则被音乐家们改编成各种形式的音乐作品流传海内外，成为当今国际、国内上演

最多、最受欢迎的具有江南音乐风格的中国作品之一。

周大风创作的《采茶舞曲》原是越剧现代戏《雨前曲》的主题歌及舞蹈曲，作于1958年。20世纪50年代极为流行，有较大的社会影响，20世纪70年代经著名歌唱家朱逢博的演唱，更是红极一时。关于这首音乐作品还有一个故事。1958年9月11日，周恩来总理和夫人邓颖超在北京长安剧场观看《雨前曲》，周总理还亲自改了其中的两句歌词。他对周大风说："插秧不能插到大天亮，这样人家第二天怎么干活啊？采茶也不能采到月儿上，露水茶是不香的。"后来改成了"插秧插得喜洋洋，采茶采得心花放"，表现了采茶的心情而非过程，使作品更加艺术化。1983年，《采茶舞曲》被联合国教科文组织作为亚太地区优秀民族歌舞保存起来，并被推荐为这一地区的音乐教材。这是中国历代茶歌茶舞至今得到的最高荣誉。

自《采茶舞曲》之后，茶都杭州一直有歌颂茶的音乐作品涌现，如同一时代的《总理来到梅家坞》。《浙江省茶叶志》中有多首记载国家领导人赞美梅家坞茶区的诗歌，更有多首茶农吟诵国家领导人的民歌。其中，《总理来到梅家坞》创作于20世纪60年代中后期至20世纪70年代初，周恩来总理等国家领导人多次到杭州西湖龙井茶乡梅家坞考察访问，与茶农结下深厚友谊。

由周大钧作词、曾星平作曲的《龙井茶，虎跑水》，是一首表现杭州名茶配名泉的赞歌。这是一首名茶、名泉、名湖的赞歌，也是一首友谊的颂歌。

由金帆作词、陈田鹤作曲，流传于福建武夷茶区的民歌《采茶灯》则以轻松愉快的歌声，表达了采茶姑娘面对茶叶丰收的喜悦。

《挑担茶叶上北京》是由叶蔚林作词、白诚仁作曲的湖南民歌，表达的是故乡人民对毛主席的热爱。这首歌歌词优美，曲调明快，十分动听："桑木扁担轻又轻，我挑担茶叶出洞庭。船家他问我是哪来的客，我是湘江边上种茶人。……桑木扁担轻又轻，千里送茶情谊深。你要问我是哪一个？毛主席的故乡人。"

由阎肃作词、姚明作曲的《前门情思大碗茶》是京味茶歌中的杰出作品，脍炙人口，勾起了海外游子归来的无限遐想，新旧对比，意味深长。

二、港台流行音乐中的茶歌

港台流行音乐中也不乏茶歌作品。一代歌后邓丽君的歌声在几代人心中萦绕，其中就有一首著名的作品《茶叶青》。该曲目收录在邓丽君1967年12月1日发行的唱片邓丽君之歌第三集《嘿嘿阿哥哥》中。歌中唱道："戴起那个竹笠穿花裙，采茶的姑娘一群群。去到茶山上呀，采呀采茶青呀……"

《爷爷泡的茶》是方文山作词、周杰伦作曲并演唱的歌曲，收录于周杰伦2002年发行的专辑《八度空间》中。这首歌凭借周杰伦在一代年轻人中超强的号召力，中国的茶文化被更多青年认识和喜爱。构思该曲时，方文山赋予了它"陆羽"这个时空背景，让它有一个画面感的呈现。周杰伦则把家庭生活带入了创作，完成了歌曲。《爷爷泡的茶》是首比较轻快的亲情歌曲，借由"茶"这样平常的饮品，来传达爷爷生活的禅意。歌曲仿佛是爷爷告诉孙儿，当茶水的颜色蔓延、纯净快乐的旋律响起时，名利自然就会抛至九霄云外。

三、高雅艺术茶歌剧

谭盾是当今世界最优秀的音乐家之一，他为电影《卧虎藏龙》创作的音乐获第73届奥斯卡金像奖最佳原创音乐奖。谭盾善于从本民族的传统之中找到音乐创作的营养。其中一部重要的作品就是歌剧《茶》。为什么选择茶作为歌剧《茶》的载体？谭盾说，茶是全世界最普及、最生活化也最容易被人遗忘的生活形态，对中国人来说，茶文化是最大众化的文化。

他翻阅中国古代"茶圣"陆羽的茶文化专著《茶经》，获得灵感，于是将茶写到了这部以茶为名的歌剧中。他在这部歌剧中讲述了中国唐朝一个公主与日本王子的爱恨情仇，以此探究中国古代文化的精髓，尤其是其中的禅性和生活智慧。

谭盾在这部歌剧中体现"水乐"的韵味。其中有一种"水琴"，是谭盾按照自己的构想制造的。演奏时在琴中灌入水，用小提琴弓在琴体上摩擦发音，其发出的声音是"水乐"中的一种独特音律和音色。谭盾还将"水琴"中的水换成了茶汤进行演奏。有人问谭盾，将"水琴"中的水换作茶水后，在听觉上难道真的有什么不同？谭盾说，这两者的区别就像一个人心中感受到的莫扎特与被他人解读的莫扎特的区别。

另一部是由浙江农林大学创作的《六羡歌》。《全唐诗》中收录陆羽完整的诗作只有两首，一首是《会稽东小山》，另一首最初题名为《歌》，题下有注："太和中，复州有一老僧，云是陆弟子，常讽此歌。"后因诗中有六个"羡"字，遂名之以"六羡"，歌云："不羡黄金罍，不羡白玉杯。不羡朝入省，不羡暮入台。千羡万羡西江水，曾向竟陵城下来。"《六羡歌》风格简单明快，表达了一代茶圣不慕权贵、精行俭德的情怀。2012年这首传承千年的茶圣之歌由浙江农林大学茶文化学院的包小慧老师作曲，成为同名话剧《六羡歌》的主题曲。

如今，茶文化获得了进步和繁荣的新机遇。随着茶文化的日益兴旺和发展，国内外大型茶文化活动和茶叶交流研讨会不断召开，各地各级茶文化研究会和茶业协会成立，行业规范化实施，茶馆在城乡星罗棋布地开设，茶艺表演走出了国门。这些都为茶歌不断推进升华、兴盛不衰和全面走向社会，提供了坚实的基础。一批著名歌唱家进入茶歌的演唱行列，使茶歌的传唱更加风靡。

第三节 载歌载舞——茶歌舞

舞蹈本身就是一种身体的艺术，但我们常说"载歌载舞"，尤其在民间、茶乡，歌舞是难以分开的。

以茶事为内容的舞蹈，现在可知的是流行于我国南方各省的"茶灯"或"采茶灯"。茶灯、马灯、霸王鞭等，是过去汉族比较常见的民间舞蹈形式。其中，茶灯是福建、广西、江西和安徽"采茶灯"的简称，在江西还有"茶篮灯"和"灯歌"的叫法，在湖南、湖北则称为"采茶"和"茶歌"，在广西又称为"壮采茶"和"唱采舞"。这一舞蹈不仅各地名字不一，而且跳法也有不同。一般由一男一女或一男二女（也可有三人以上）参加表演。舞者腰系绸带，男的持一鞭，将其作为扁担、锄头等道具，女的左手提茶篮，右手拿扇，边歌边舞，主要展现茶园的劳动生活情景。

除汉族和壮族的"茶灯"这种民间舞蹈外，少数民族中还有一些如盘舞、打歌等舞蹈，它们往往以敬茶和饮茶的茶事为内容，也可以说是一种与茶相关的舞蹈。如彝族打歌时，客人坐下后，主办打歌的村子或家庭，老老少少，恭恭敬敬，在大锣和唢呐的伴奏下，手端茶盘或酒盘，边舞边走，把茶、酒一一献给每位客人，然后再边舞边退。云南洱源白族打歌，也和彝族上述情况极其相似，人们手中端着茶或酒，在领歌者的带领下，唱着白语调，弯着膝，绕着火塘转圈圈，边转边抖动和扭动上身，以歌纵舞，以舞狂歌。

在中国的广大茶区，流传着代表不同时代生活情景的、源自茶农茶工的民间歌舞。现流行在江西等省的"采茶戏"，就是从民间茶曲歌舞发展

起来的。

众所周知的《采茶扑蝶舞》和《采茶舞曲》等就是受人们喜爱的代表作。茶区山乡在采茶季节有"手采茶叶口唱歌，一筐茶叶一筐歌"之说。有不少采茶姑娘在采茶时，唱出蕴含丰富感情的情歌。傣族、侗族的青年男女中，更有一边愉快地采茶，一边对唱着情歌终成眷属的。江南各省凡是产茶的省份，诸如江西、浙江、福建、湖南、湖北、四川、贵州、云南等地，均有茶歌、茶舞和茶乐。中国现在最著名的茶歌舞，当推音乐家周大风作词作曲的《雨前曲》，一群江南少女，以采茶为内容，载歌载舞，满台生辉。

第四节　琴茶相伴——茶事活动中的音乐

在更多的情况下，茶艺、茶会等茶事活动，以及茶空间都需要音乐。此时所运用的音乐，并不一定是纯粹为茶而创作的，但却是茶艺、茶空间不可分割的重要部分。我们姑且称之为佐茶音乐。

一、古代的茶事音乐

茶事佐以音乐是一个传统。从历代的茶画中，可以发现音乐往往与茶相伴。唐代周昉的《调琴啜茗图》开了琴茶相伴的先河。晚唐的《宫乐图》，更是表现了宫中一边饮茶一边奏乐的场景。宋徽宗赵佶的《文会图》中也描绘了古琴。明代唐寅的《事茗图》中童子抱着古琴而来。晚明项圣谟的《琴泉图》、陈洪绶的《停琴品茗图》，清代钱慧安的《烹茶洗砚图》等杰出的茶画作品都将乐器特别是古琴与茶描绘在一起。尤其是项圣谟《琴泉图》中的题跋，堪称茶与音乐的最佳注解："自笑琴不弦，煮茶先贮泉。泉或涤我心，琴非所知音。写此琴泉图，聊存以自娱。"

歌舞与茶会结合，这种情况最为普遍。根据现有文献资料，起码在唐代就已经有相当的规模。每年春天，为了品评顾渚紫笋茶和宜兴阳羡茶的贡茶质量，两州太守相约在境会亭举行盛大茶宴，邀请各界名士参加品评。当时在苏州任职的白居易也在被邀之列，只是因病未能出席，特地写了一首《夜闻贾常州、崔湖州茶山境会亭欢宴》寄去："遥闻境会茶山夜，珠翠歌钟俱绕身。盘下中分两州界，灯前合作一家春。青娥递舞应争妙，紫笋齐尝各斗新。自叹花时北窗下，蒲黄酒对病眠人。"这种聚会以品茶为主，宾朋满座，还有歌舞相伴，自然热闹非凡。

唐代宫廷也经常举办茶会。鲍君徽是唐代德宗时期的宫女诗人，她的《东亭茶宴》就是描绘了宫女嫔妃们参加茶会的情形："闲朝向晓出帘栊，茗宴东亭四望通。远眺城池山色里，俯聆弦管水声中。幽篁引沼新抽翠，芳槿低檐欲吐红。坐久此中无限兴，更怜团扇起清风。"这是宫女们在郊外亭中举行茶宴的情形，诗中的"茗宴"就是"茶宴"。同样，"俯聆弦管"描绘的便是茶会中有音乐演奏的情景。

现存台北故宫博物院的唐代茶画《宫乐图》，表现了宫女们在室内举行茶会（宴）的情形。图中共绘12人，两侍女立左旁，其他10人围坐在长方桌旁边姿态各异：饮茶、舀茶、取茶、摇扇、弄笙、吹箫、调琴、弹琵琶、吹笛、放茶碗、端茶碗等。站立在左旁后侧的侍女吹排箫。长桌中间放着茶汤盆、长柄勺、漆盒、小碟、茶碗等。这是嫔妃们的一次聚会，从图中可以看出除了供应茶汤、茶点，没有其他食物，更没有酒水菜肴，但有乐器演奏，而且演奏者面前也有茶碗，是在自娱自乐，这是典型的茶会。

这些记载和绘画证明唐代茶事活动常与音乐相伴，音乐在其中占有重要地位。

二、当代的茶事音乐

当代，茶艺的表现与茶艺馆的氛围营造需要创作、选择合适的音乐。学会欣赏和选择茶艺、茶空间的配乐是成为一个茶人必要的艺术修养。音乐无论中西，适合就好。例如，浙江农林大学茶文化学院2008年创作的《儒家茶礼》选用了古琴曲《思贤操》，表现了孔子思念弟子颜回的感情；《道家茶礼》选用了道士阿炳融汇道教音乐而创作的名曲《二泉映月》，并且是日本国宝级指挥家小泽征尔指挥的交响乐版；《佛家茶礼》选用了佛教音乐《青山无语》。2010年创作的《茶艺红楼梦》所选择的音乐就是红楼梦电视剧经典的配乐《葬花吟》与《晴雯曲》。2011年创作的茶艺《竹茶会》中选用了电影《霍元甲》中的原声音乐。2016年创作的茶艺剧《南方有嘉木》中选用了柴可夫斯基的《第一钢琴协奏曲》。

现代茶馆里，因为茶馆音乐的特殊性，在坊间出现了一种"茶道音乐"，专门供茶馆播放。古筝、古琴、箫笛、尺八、钢琴等乐器的演奏曲都有，各种各样的趣味音乐在茶馆里流行。目前，背景音乐在宾馆、餐厅、茶室里早已普遍运用，但多是兴之所至，随意播放。高雅的茶艺馆的经典音乐有以下代表：

（一）我国古典名曲

我国古典名曲幽婉深邃、韵味悠长，有一种令人回肠荡气、销魂摄魄之美。但不同乐曲所反映的意境不相同，茶艺馆应根据季节、天气、时辰、宾客身份及茶事活动的主题，有针对性地选择播放。例如，反映月下美景的有《春江花月夜》《月儿高》《霓裳曲》《彩云追月》《平湖秋月》等，反映山水之音的有《流水》《汇流》《潇湘水云》《幽谷清风》等，反映思念之情的有《塞上曲》《阳关三叠》《情乡行》《远方的思念》等，拟禽鸟之声态的有《海青拿天鹅》《平沙落雁》《空山鸟语》《鹧鸪飞》等。只有

熟悉古典意境，才能让背景音乐成为牵绊茶人回归自然、追寻自我的温柔的手，才能用音乐促进茶人的心与茶对话、与自然对话。

（二）精心录制的大自然之声

山泉飞瀑、小溪流水、雨打芭蕉、风吹竹林、秋虫鸣唱、百鸟啁啾、松涛海浪等都是精心录制出来的极美的音乐，我们称之为"天籁"，也称之为"大自然的箫声"。

（三）紫藤庐茶馆的心灵之乐

茶艺馆中对音乐的用心，当属台湾的紫藤庐。早期紫藤庐为了展现自然而宁谧的环境气质，选择巴赫、维瓦尔第等巴洛克时期或更早的西方古典音乐，也选择旋律自然优美的莫扎特和牧歌风格的勃拉姆斯作品。2011年4月23日，台湾地区第一家市定古迹茶馆紫藤庐在成立三十周年之际，精心推出了专属茶乐《紫藤幽境》专辑。其中的音乐被紫藤庐的创始人周渝称为"茶心与乐魂的交汇"，他借此谈到了茶乐感受——是对桃花源的向往，对隐士的崇敬，以及最根本的返璞归真，是汉民族子子孙孙深层基因中永恒的原乡梦境与灵魂召唤。

上述音乐超出了一般通俗音乐的娱乐性，它们会把自然美渗透进茶人的灵魂，引发茶人心中潜藏的美的共鸣，为品茶创造一个如沐春风的美好意境。

三、茶艺表演中的音乐

（一）茶艺音乐选配的基本要点

茶艺表演过程中应配有音乐，音乐选配的基本要点如下：

1. 音乐风格应优美、典雅，与茶艺表演的主题相适应。

2. 音乐的音量大小应适度。

3.表演者应知道其乐曲的曲名和乐曲本身所要表现的意境。

4.乐曲的始终应与茶艺表演的始终相吻合。

5.采用乐器演奏时,演奏者位置及演奏音量应处于附属地位,不能喧宾夺主。

(二)音乐运用的方法

1.要巧用民族音乐和地方音乐

鲜明的民族个性和区域特征,是中国茶文化的重要标志,同时也是中华民族音乐的基本内容。茶艺表演中要巧用民族音乐和地方音乐。在中国文化中,茶艺已超越了茶饮的功能,发展成为一种包含深邃的精神形态的象征艺术。茶艺文化的深刻内涵借助中国民族乐器独特的语音形式,呈现出大自然动态的环境图像和无限的情感时空,使人对茶的感受进入一种遐想的体验之中。而运用地方音乐素材,借以体现音乐的背景氛围,也能表现茶的民族特色和精神内容。民族的和地方的音乐素材的巧妙组合,加上多变的乐器演奏技巧,可以描绘出一幅幅多彩的清茗画卷,渲染出各具特色的茶文化乐章,让人感受到更加丰富的茶艺文化特点。

2.要有正确的音乐理念

茶艺编创上还要注意以音乐的静、清、美、怡为理念,在音乐中回归孕育茶的真谛,为现代人体验茶艺之美提供交融的载体和时空,让人从中体悟到千年不朽的民族灵魂。

3.音乐要有一定的创新,体现时代气息

例如,《中国茶》这首歌,不像以往有些茶歌仅仅局限于对某地某种名茶的咏唱,而是着眼于世界范围,立足于新时代,从一个新的高度、新的视点,为中国茶文化唱一曲新的赞美诗。再如,"闲情听茶"系列音乐,其题材新颖,内容十分丰富,是很好的茶艺选配乐曲。其《清香满山月》和《香飘云水间》以中国16种名茶为表现内容,用写意的创作手法,呈现

了茶的多姿多彩。其《桂花龙井》又以花茶的性情为表述题材，以十友韵对10种花熏茶的性味，让人体味甘芳满耳、花气袭人。《铁观音》以乌龙八仙的美名，用音乐诠释8种闻名中外的乌龙茶，展示味醇香厚的乌龙本性。其《听壶》以乐曲为笔，借用民族乐器婉约纤细韵致，描绘8种古今名壶，以别出心裁的创意，使人走入茶与壶的情缘之中。

音乐是表现情感的艺术，它把人对茶的文化感受，通过音乐艺术进行描述。根据不同风格的茶艺选配不同的音乐，一曲缭绕，给不同的茶品感受和环境景致带来不同的品茶心境。好的乐曲抒发的情感和色彩流畅细腻，使人心旷神怡，宠辱皆忘。

第四章　气象万千——茶书画艺术鉴赏

第一节　大气磅礴——茶书法

中国书法是中国汉字特有的一种传统艺术。从广义讲，书法是指语言符号的书写法则。书法按照文字特点及含义，以其书体笔法、结构和章法写字，使之成为富有美感的艺术作品，被誉为无言的诗，无形的舞，无图的画，无声的乐。

文字时代以来，书写就是人类社会日常生活不可或缺的活动。象形是汉字最早也是最重要的一种造字方法，形声、会意、指事诸造字法大抵都和象形法所造的基本字形相关。象形的内核使汉字不仅仅是一个个指代的符号，而且是有着线条形态变化的图形构造。汉字的书写自甲骨、金石文起，就包含了技法、审美等书法艺术的要素。从此书法就是千百年来中国人乐此不疲的带有艺术意味的日常生活内容。而当茶成为人们日常生活中经常饮用的用品之后，自然而然地也进入书写的行列，不胜枚举的茶书法艺术作品，既是艺术领域的，更是茶文化领域的宝贵财富。

一、怀素《苦笋帖》

《苦笋帖》是唐代僧人怀素所书的一通手札，两行十四字，"苦笋及茗异常佳，乃可径来。怀素上"，成为现存最早与茶有关的书法手札。怀素是唐代最重要的书法家之一，以"狂草"名世，史称"草圣"。他自幼出家为僧，与张旭合称"癫张狂素"，形成唐代书法双峰并峙的局面，也是中国草书史上两座不可企及的高峰。《苦笋帖》，绢本，长25.1厘米，宽12厘米，现藏于上海博物馆。字虽不多，但技巧娴熟，精练流逸。运笔如骤雨旋风，飞动圆转，虽变化无常，但法度具备，是怀素传世书迹中的代表作。

据其内容我们可知，怀素也是爱茶之人，喜好苦笋与香茗。茶圣陆羽曾作《僧怀素传》，里面写到怀素经常与颜真卿切磋书法之事，而陆羽本人也与颜真卿是好友。可见，怀素也是当时"品饮集团"中的人物。怀素爱茶，既是他的生活经历使然，也是当时的社会风俗使然。据唐人封演《封氏闻见记》中记载："开元中，泰山灵岩寺有降魔师大兴禅教，学禅务于不寐，又不夕食，皆许其饮茶。人自怀挟，到处煮饮，从此转相仿效，遂成风俗。"可知，茶在佛门中大行其道。《苦笋帖》正是反映了唐代饮茶在禅门中的普及，茶文化成为高僧、文人和艺术家生活中不可或缺的部分。

二、苏轼《啜茶帖》

宋代苏、黄、米、蔡四大书法家同时也都是茶人，他们的许多著作和书法作品中都散逸着茶香。

苏轼字子瞻，自号"东坡居士"，世称"苏东坡"，眉州眉山（今四川眉山）人。无论在中国文学史、书画史还是在茶文化史上，苏轼均有着十分突出的地位。他的《啜茶帖》，也称《致道源帖》，是苏轼于元丰三年（1080）写给道源的一则便札，邀请道源饮茶，并有事相商。共22字，纵分4行。纸本，纵23.4厘米，横18.1厘米，现藏于台北故宫博物院。内容为："道源无事，只今可能枉顾啜茶否？有少事须至面白。孟坚必已好安也。轼上，恕草草。"苏轼谈啜茶、说起居，行文自然错落，丰秀雅逸。

苏轼在《论书》中认为书法创作"无意于嘉而嘉"最好,此帖正是这种意境。道源是刘采的字,刘采是位画家,以专门画鱼而闻名,擅长作词。苏轼写给刘采的这通书札,证明了宋人议事往往以茶饮为由。

此外,苏轼的《新岁展庆帖》《一夜帖》也都是茶文化书法的精妙之作。

三、黄庭坚《奉同六舅尚书咏茶碾煎烹三首》

黄庭坚字鲁直,自号山谷道人,洪州分宁(今江西修水县)人,是北宋盛极一时的江西诗派开山之祖。他是苏门四学士之一,与老师苏轼并称"苏黄"。他的书法独树一帜。

《奉同六舅尚书咏茶碾煎烹三首》为行书,与黄庭坚其他气势开张、连绵遒劲、长枪大戟的风格不同,中宫严密、端庄稳重,又不失潇洒。所书内容是其自作诗三首,建中靖国元年(1101)八月十三日书,第一首写碾茶,"要及新香碾一杯,不应传宝到云来。碎身粉骨方余味,莫厌声喧万壑雷";第二首写煎茶,"风炉小鼎不须催,鱼眼常随蟹眼来。深注寒泉收第一,亦防桥腹爆乾雷";第三首写饮茶,"乳粥琼糜雾脚回,色香味触映根来。睡魔有耳不及掩,直拂绳床过疾雷"。

四、米芾《道林帖》

米芾字元章,因他个性怪异,举止癫狂,人称"米癫"。徽宗诏为书画学博士,人称"米南宫"。米芾能诗文,擅书画,精鉴别,书画自成一家,创立了米点山水。

他的《道林帖》纸本,行书,纵30.1厘米,横42.8厘米,现藏故宫博物院。这是一首表现烹茗迎客的诗,书法自然天真、生气勃勃。"道林,楼阁明丹垩,杉松振老髯。僧迎方拥帚,茶细旋探檐。"诗中描写的是在郁郁葱葱的松林中,有一座寺院,僧人一见客来,就扫去地上的尘埃相迎，以示敬意。"茶细旋探檐"是说从屋檐上挂着的茶笼中取出细美的茶叶烹煮待客。"探檐"一词也生动形象地记录了宋代茶叶贮存的特定方式。

米芾的绢本诗书《吴江垂虹亭作》是他在湖州行中所书，用笔枯润相间，诗中写道："断云一片洞庭帆，玉破鲈鱼金破柑。好作新诗寄桑苎，垂虹秋色满东南。"诗中虽未见茶字，但"桑苎"指陆羽，表达了米芾钦慕陆羽遗风的心绪。此外，他的书法代表作《苕溪诗》中也写道："懒倾惠泉酒，点尽壑源茶。"

五、蔡襄《思咏帖》

蔡襄字君谟，福建仙游（今福建莆田市）人，曾任翰林学士。蔡襄书法浑厚端庄，淳淡婉美，自成一体。他还是宋代著名的茶学家，在任福建转运使时将原来的大龙团改成小龙团，号"上品龙凤"，嗣后又奉旨制成"密云龙"。他对茶叶从采摘加工到品饮赏鉴，每个环节都极精通，自诗书《北苑十咏》，上书仁宗皇帝的《茶录》既是蔡襄的书法代表作，也是宋代茶文化的代表作，是中国历史上一部举足轻重的茶文献。

他的尺牍《思咏帖》，是茶书法中的珍品。宋皇祐二年（1050）十一月，蔡襄自福建仙游出发，应朝廷之召，赴任右正言，同修起居注之职。途经杭州，逗留约两个月后，于1051年初夏，继续北上汴京。临行之际，他给邂逅钱塘的好友冯京留了一封手札，这就是《思咏帖》。纸本，纵29.7厘米，横39.7厘米，现藏于台北故宫博物院。全文是："襄得足下书，极思咏之怀。在杭留两月，今方得出关，历赏剧醉，不可胜计，亦一春之盛事也。知官下与郡侯情意相通，此固可乐。唐侯言：'王白今岁为游闰所胜，大可怪也。初夏时景清和，愿君侯自寿为佳。襄顿首。通理当世屯田足下。大饼极珍物，青瓯微粗。临行匆匆致意，不周悉。'"信中提到了有关茶的事情，也就是当时的斗茶活动。这就证明了斗茶一艺在宋代士大

夫们生活中的特殊地位。尾后两行所书"大饼极珍物，青瓯微粗"，其中的"大饼"，指当时的贡茶大龙团；"青瓯"，则指浙江龙泉青瓷茶碗。在这一茶友间的礼尚往来中，我们还能感觉到，在茶具的使用上，除斗茶所必用的兔毫盏外，日常品茶，恐怕还是多取青瓷的。《思咏帖》书体属草书，共十行，字字独立而笔意暗连，用笔虚灵生动，精妙雅妍。

此外，蔡襄的《精茶帖》《扈从帖》也都是茶书法中的珍品。

六、徐渭《煎茶七类》

徐渭字文长，号天池山人、青藤道士，浙江绍兴山阴人，明代文学家、书画家。他一生坎坷，晚年狂放不羁，孤傲淡泊。他的艺术创作鲜明地反映了这一性格特点。他的《煎茶七类》是艺文双璧的杰作，此帖带有米芾遗风，笔画挺劲腴润，布局潇洒而不失严谨，行笔自由奔放，独具一格。释文如下：

人品。煎茶虽微清小雅，然要领其人与茶品相得，故其法每传于高流大隐、云霞泉石之辈、鱼虾麋鹿之俦。

品泉。山水为上，江水次之，井水又次之。并贵汲多，又贵旋汲，汲多水活，味倍清新，汲久贮陈，味减鲜冽。

烹点。烹用活火，候汤眼鳞鳞起，沫浮（饽）鼓泛，投茗器中，初入汤少许，候汤茗相浃却复满注。顷间，云脚渐开，浮花浮面，味奏全功矣。盖古茶用碾屑团饼，味则易出，今叶茶是尚，骤则味亏，过熟则味昏底滞。

尝茶。先涤漱，既乃徐啜，甘津潮舌，孤清自萦，设杂以他果，香、味俱夺。

茶宜。凉台静室，明窗曲几，僧寮、道院，松风竹月，晏坐行

吟，清谭把卷。

茶侣。翰卿墨客，缁流羽士，逸老散人或轩冕之徒，超然世味也。

茶勋。除烦雪滞，涤醒破疾，谭渴书倦，此际策勋，不减凌烟。

七、郑板桥《茶诗》

郑板桥名燮，字克柔，江苏兴化人，清代书画家、文学家，是"扬州八怪"中影响很大的一位。人称画、诗、书三绝。他善于画竹，与茶有关的作品丰富。他有一首脍炙人口的茶诗作品："湓江江口是奴家，郎若闲时来吃茶。黄土筑墙茅盖屋，门前一树紫荆花。"其书法初学黄庭坚，加入隶书笔法，自成一格，将篆、隶、行、楷熔为一炉，自称"六分半书"，后人以乱石铺街来形容他书法的章法特征。郑板桥喜欢把饮茶与书画并论，在他看来两者均随人的不同而不同。雅俗之间的转换就看能否得到真趣。而雅趣的知音，不在百无聊赖的"安享"之人，而是那些"天下之劳人"。从这首诗书作品中最能品味出这样的韵味。饮茶的乐趣与书画的创作对他来说是如此契合。

当代的茶题材书法更是琳琅满目，著名的如赵朴初、溥杰、启功、金庸、林乾良等。

第二节 写实写意——茶绘画

绘画是对自然景物、社会生活的一种描摹或再现。绘画起源甚早，早在旧石器时代人类居住的山洞中，洞壁就留有早期人类的画作。

真正明确关于茶的有关画卷，迟至唐朝才见提及。开元年间，不只是茶和诗蓬勃发展的年代，也是我国国画的兴盛时期。著名画家有吴道子、张萱、曹霸、韩干、王维、周昉等数十人。而这时，如《封氏闻见记》所载，寺庙饮茶，"遂成风俗"①，在地方及京城，还开设店铺，"煎茶卖之"②。上述这么多绘画名家，不可能不把当时社会生活和宗教生活中新兴的饮茶风俗吸收到画作中去。

一、阎立本《萧翼赚兰亭图》

《萧翼赚兰亭图》绢本，设色，纵26.6厘米，横44.3厘米，无款印。作者相传为唐代著名的人物画家阎立本。

贞观二十三年（649），唐太宗自感不久于人世，下诏死后一定要以王羲之的《兰亭序》墨迹为随葬品。为此，他派出监察御史萧翼，乔装成一个到南方卖蚕种的潦倒书生，从越州僧人辩才手中骗得王羲之的真迹。唐太宗遂了心愿，辩才气得一命呜呼。此画就是根据唐人何延之《兰亭记》中记载的这个故事创作的。画面上正是萧翼和辩才索画，萧翼扬扬得意，老和尚辩才张口结舌、失神落魄，人物表情刻画入微。有趣的是画面一旁有一老一少二仆在茶炉上备茶，两位烹茶之人小于其他三人，但神态极妙。老者手持火箸，边欲挑火，边仰面注视宾主；少者俯身执茶碗，正欲上炉，炉火正红，茶香正浓。宋代也有人提出此画的内容并非"萧翼赚兰亭"，而是《陆羽点茶图》，画面中的白衣书生正是陆羽，而那老僧是陆羽的师父智积。

尽管历史上对此画的主题有所争议，但其中的煮茶场景从茶文化研究的角度来看，却是引人注目的，此画对反映唐代茶文化具有重要的价值。第一，这是迄今为止所见的最早在绘画形式中表现茶饮的作品；第二，形象地反映了"客来敬茶"的传统习俗；第三，画面中的茶具形制和煮茶方

---

① 封演.封氏闻见记［M］.北京：亿部文化有限公司，2012.

② 封演.封氏闻见记［M］.北京：亿部文化有限公司，2012.

式可以作为研究当时禅门茶饮风格的重要参照。

二、周昉《调琴啜茗图》

《调琴啜茗图》是唐代画家周昉的作品。周昉是中唐时期重要的人物画家，多写仕女，所作优游闲适，容貌丰腴，衣着华丽，用笔劲简，色彩柔艳，为当时宫廷、士大夫所重，称绝一时。此画现藏美国密苏里州堪萨斯市纳尔逊艺术博物馆。

《调琴啜茗图》以工笔白描的手法，细致描绘了唐代宫廷女子品茗调琴的场景。画面分左右两部分，共五个女人。画幅左侧一青衣襦裙的宫中贵人半坐于一方山石上，膝头横放一张仲尼式的雅琴，左手拨弦校音，右手转动轸子调弦，神情专注；她身后站立一名侍女，手捧托盘，盘中放置茶盏、茶橐，等候奉茶；旁边侧坐一红衣披帛女子，正在倾听琴音。画幅右侧一素衣披帛的宫中贵人端坐绣墩上，双手合拢，仪态娴雅；她身旁也站立一名奉茶侍女。画幅中心那名调琴女子刻画得最是精细、生动，从她身上那薄如蝉翼的披帛到拨弦转轸的玉指，都描绘得十分传神。图中绘有桂花树和梧桐树，寓意秋日已至，颇有些美人迟暮之感，贵妇们似乎已预感到花季过后面临的将是凋零。那调琴和啜茗的妇人肩上的披纱滑落下来，显出她们慵懒寂寞和睡意惺忪的颓唐之态。全卷构图松散，与人物的精神状态是和谐的。整个画面人物或立或坐，或三或两，疏密有致，富于变化，有很强的节奏感。作者通过人物目光的视点巧妙地集中在坐于边角的调琴者身上，使全幅构图呈外松内紧之状。卷首与卷尾的空白十分局促，疑是被后人裁去少许。画中人物线条以游丝描为主，并渗入了一些铁线描，在回转流畅的游丝描里平添了几分刚挺和方硬之迹，设色偏于匀淡，衣着全无纹饰，有素雅之感。人物造型继续保持了丰肥体厚的时代特色，姿态轻柔，特别是女性的手指刻画得十分柔美、生动。

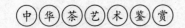

三、佚名《宫乐图》

《宫乐图》的作者是谁虽无从考证，但此画仍是唐代最为著名的茶画之一。《宫乐图》绢本，并没有画家的款印，原本的签题是《元人宫乐图》，然而这画怎样看都是唐代的风貌。后来据沈从文先生考证，此画出自晚唐，画中应是宫廷女子煎茶、品茶的再现，遂改定成《唐人宫乐图》，现藏于台北故宫博物院。画中描摹了宫中仕女奏曲赏乐，合乐欢宴的情景，也同时留下了当时品茶的情形。画面中央是一张大型方桌，后宫嫔妃、侍女十余人，围坐、侍立于方桌四周，姿态各异。有的在行令，有的正用茶点，有的团扇轻摇，品茗听乐，意态悠然。方桌中央放置一只大茶釜，每人面前有一茶碗，画幅右侧中间一名女子手执长柄茶勺，正在将茶汤分入茶盏里，再慢慢品尝。中央四人，则负责吹乐助兴。所持用的乐器，自右而左，分别为筚篥、琵琶、古筝与笙。旁立的两名侍女中，还有一人轻敲牙板，为她们打着节拍。她身旁的那名女子手持茶盏，似乎听乐曲入了神，暂忘了饮茶。对面一名女子则正在细啜茶汤，津津有味，侍女在她身后轻轻扶着，似乎害怕她要茶醉了。众美人脸上表情陶醉，席间的乐声定然十分优美，连蜷卧在桌底下的宠物狗都似乎酣醉了，整个气氛闲适欢愉。画上的美人气韵风度贴近于张萱、周昉二家的风格。有的美人发髻梳向一侧，是为"坠马髻"，有的则把发髻向两边梳开，在耳朵旁束成球形的"垂髻"，有的则头戴"花冠"，凡此皆是唐代女性的装束。千余载传下来的《宫乐图》，绢底多少有些斑驳破损，然作画时先施了胡粉打底，再予厚涂，因此，颜料剥落的情形并不严重，画面的色泽依旧十分亮丽。美人脸上的胭脂，似是刚刚绽出。身上所着的猩红衫裙、帔子，连衣裳上花纹的细腻变化，至今犹清晰可辨。

晚唐正值饮茶之风昌盛之时，茶圣陆羽的煎茶法不但合乎茶性茶理，且具文化内涵，不仅在文人雅士、王公朝士间得到了广泛响应，女人品茶亦蔚然成风。从《宫乐图》可以看出，茶汤是煮好后放到桌上的，之前备茶、炙茶、碾茶、煎水、投茶、煮茶等程式自然由侍女们在另外的场所完成；饮茶时用长柄茶勺将茶汤从茶釜盛出，舀入茶盏饮用。茶盏为碗状，有圈足，便于把持。可以说这是典型的"煎茶法"品饮场景的重现，也是晚唐宫廷中女人们茶事昌盛的写照。

五代时，西蜀和南唐都专门设立了画院，邀集著名画家入院创作。宋代也继承了这种制度，设有翰林图画院。加之宋代饮茶堪称巅峰时期，以茶为题材的绘画作品变得更加丰富。

四、赵佶《文会图》

宋徽宗赵佶，轻政重文，喜欢收藏历代书画，擅长书法、人物花鸟画。一生爱茶，嗜茶成癖，著有茶书《大观茶论》，是中国第一部由皇帝编写的茶叶专著，致使宋人上下品茶盛行。他常在宫廷以茶宴请群臣、文人，有兴致时还亲自动手烹茗、斗茶取乐。

《文会图》绢本，设色，纵184.4厘米，横123.9厘米，现藏于台北故宫博物院。描绘了文人会集的盛大场面。在一个豪华庭院中，设一巨榻，榻上有各种丰盛的菜肴、果品、杯盏等，九文士围坐其旁，神志各异，潇洒自如，或评论，或举杯，或凝坐，侍者们有的端捧杯盘，往来其间，有的在炭火桌边忙于温酒、备茶，其场面气氛热烈，人物神态逼真。图中从根部到顶部不断缠绕的两株树木，虽然复杂，但由于采用了含蓄的表现手法，所以毫无杂乱夸张之感，而像是观察树木真实生长状况后描绘出的细腻作品。

徽宗时期画院作品常有种纤尘不染的明净感。《文会图》中即使在各种树木垂下的细小叶片上，也可以发现这种特质。从图中可以清晰地看到各种茶具，其中有茶瓶、都篮、茶碗、茶托、茶炉等。名曰"文会"显然是一次宫廷茶宴。

五、刘松年《茗园赌市图》《撵茶图》

刘松年，钱塘（今杭州）人，因居住在杭州清波门，而清波门又被称为暗门，故刘松年又被称为"暗门刘"。他的画精人物，神情生动，衣褶清劲，精妙入微。他的《斗茶图》在茶文化界地位尊崇，为世人首推。他一生中创作的茶画作品不少，流传于世的却不多。《茗园赌市图》艺术成就很高，是绘画艺术中的精品，成了后人仿效的样板画。此画为绢本浅设色画，无款，现存于台北故宫博物院。画中以人物为主，男人、女人，包含老人、壮年和儿童，人人都有特色表情，目光聚焦于茶贩们的"斗茶"，茶贩中有的在注水点茶，有的提壶，有的举杯品茶。右前方有一挑茶担卖茶小贩，停肩观看。个个形象生动逼真，把宋代街头民间茗园"赌市"的生动情景淋漓尽致地描绘在世人面前。

而他另一幅重要的茶画作品《撵茶图》则表现了另一番场景，描绘了宋代从磨茶到烹点的具体过程和场面。画中一人跨坐凳上推磨磨茶，出磨的末茶呈玉白色，当是头纲芽茶，桌上尚有备用的茶罗、茶盒等；另一人伫立桌边，提着汤瓶点茶，左手边是煮水的炉、壶和茶巾，右手边是贮泉瓮，桌上是备用的茶笏、茶盏和盏托。一切显得安静整洁、专注有序，是贵族官宦之家讲究品茶的幕后场面，反映出宋代茶事的繁华。画面的右边有三人，一僧人伏案作书，另有两位文人观看。说明当时文人的诗意生活离不开茶的佐助，这一情形在此画中显得尤为生动。

六、辽墓壁画茶图

20世纪后期在河北省张家口市宣化区下八里村考古发现一批辽代的墓葬，墓葬内绘有一批茶事壁画。绘画线条流畅，人物生动，富有生活情趣。这些壁画全面真实地描绘了当时流行的点茶技艺的各个方面，对于研究契丹统治下的北方地区的饮茶历史和点茶技艺有极高的价值。

张文藻墓壁画《童嬉图》，壁画右前有船形茶碾一只，茶碾后有一黑皮朱里圆形漆盘，盘内置曲柄锯子、毛刷和茶盒。盘的后方有一莲花座风炉，炉上置一汤瓶，炉前地上有一扇。壁画右有四人，一童子站在跪坐碾茶者的肩上取吊在放梁上竹篮里的桃子，一老妇用围兜承接桃子，主妇手里拿着桃子。主妇身前的红色方桌上置茶盏、酒坛、酒碗等物，身后方桌上是文房四宝。画左侧有一茶具柜，四小童躲在柜和桌后嬉戏探望，壁画真切地反映了辽代晚期的点茶用具和方式，细致真实。

张世古墓壁画《将进茶图》，壁画中三人，中间一女子手捧带托茶盏，托黑盏白，似欲奉茶至主人。左侧一人左手执扇，右手抬起，似在讲什么，右侧一女子侧身倾听。三人中间的桌上置有红色盏托和白色茶盏，一只大茶瓯，瓯中有一茶匙。点茶有在大茶瓯中点好再分到小茶盏中饮用的情形。桌前地上矮脚火盆炉火正旺，上置一汤瓶煮水。

6号墓壁画《茶道图》，壁画中共有六人（一人模糊难辨），左前一童子在碾茶，旁边有一黑皮朱里圆形漆盘，盘内置白色茶盒；右前一童子跪坐执扇对着莲花座形风炉扇风，风炉上置汤瓶（比例偏大）煮水，左后一人双手执汤瓶，面前桌上摆放茶匙、茶筅、茶罐、瓶篮等。右后一女子手捧茶瓯，侧身回头，面前一桌，桌上东西模糊难认。后中一童子伏身在茶柜上观望。

七、唐寅《事茗图》

茶画到了明清，不仅有许多文献记载，存画也逐渐丰富起来。明代"吴门画派"的一批书画大家对以茶事为题材的书画均有佳构。

唐寅字伯虎，一字子畏，号六如居士、桃花庵主等，吴县（今江苏苏州）人。他玩世不恭而又才气横溢，诗文擅名，与祝允明、文徵明、徐祯卿并称"江南四才子"，画名更著，与沈周、文徵明、仇英并称"吴门四家"。

他的茶画代表作为《事茗图》，长卷，纸本，设色，纵31.1厘米，横105.8厘米，现藏于北京故宫博物院。此图描绘文人雅士夏日品茶的生活景象。开卷但见群山飞瀑，巨石巉岩，山下翠竹高松，山泉蜿蜒流淌，一座茅舍藏于松竹之中，环境幽静。屋中厅堂内，一人伏案观书，案上置书籍、茶具，一童子煽火烹茶。屋外板桥上，有客策杖来访，一僮携琴随后，泉水轻轻流过小桥。透过画面，似乎可以听见潺潺水声，闻到淡淡茶香，具体而形象地表现了文人雅士幽居的生活情趣。此图为唐伯虎最具代表性的传世佳作。画面用笔工细精致，秀润流畅的线条，精细柔和的墨色渲染，多取法于北宋的李成和郭熙，与南宋李唐为主的画风又有所不同，为唐寅秀逸画格的精作。幅后自题诗曰："日长何所事，茗碗自赏持。料得南窗下，清风满鬓丝。"引首有文徵明隶书"事茗"二字，卷后有陆粲书《事茗辩》一篇。

八、文徵明《惠山茶会图》

文徵明原名壁，字徵明，号衡山居士，明代画家、书法家、文学家，长洲（今江苏苏州）人，是继沈周之后吴门画派的领袖。

文徵明好茗饮，一生以茶为主题的书画颇丰，书法有《山静日长》《游虎丘诗》等，绘画有《惠山茶会图》《品茶图》《林榭煎茶图》《茶具十咏图》等，而《惠山茶会图》是文徵明茶画中堪称精妙之作。此图纸本，设色，纵21.9厘米，横67厘米，现藏北京故宫博物院。描绘文徵明与好友蔡羽、汤珍、王守、王宠等游览无锡惠山，在山下井畔饮茶赋诗的情景。二人在茶亭井边席地而坐，文徵明展卷颂诗，友人在旁聆听。古松下一茶童备茶，茶灶正煮井水，茶几上放着各种茶具。作品运用青绿重色法，构图采用截取法，突出"茶会"场面。树木参差错落，疏密有致，并运用主次、呼应、虚实及色调对比等手法，把人物置于高大的松柏环境之中，情

与景相交融,鲜明表达了文人的雅兴。笔墨取法古人,又融入自身擅长的书法用笔。画面人物衣纹用高古游丝描,流畅中间见涩笔,以拙为工。

九、陈洪绶《闲话宫事图》

陈洪绶,字章侯,号老莲,明末清初书画家、诗人,浙江诸暨枫桥人。崇祯年间召入内廷供奉,明亡入云门寺为僧,后还俗,以卖画为生。一生以画见长,尤工人物画,画中人物亦仙亦道,似不落人间的尘埃,作品多有茶事题材。

《闲话宫事图》中有一男一女品茶,对坐而谈,中间放一把紫砂壶,壶中有茶,茶中有情。女子手执一卷,眼光落于书上,心思却在书外。宫事早去,只能闲话一二。这美人画得传神,装束古雅,眉目端凝,古拙中自有一段风流妩媚,似澹而实美。冲淡中至妙境,不落形迹。勾线劲挺,透着怪诞之气,其中女子虽仍旧是一派遗世独立样子,有"深林人不知,明月来相照"的意境。然而似乎又看出画中男女二人历经沧桑,淡定之中的一点"情"。如此再看他的茶画,就读出一代遗老对前朝往事的亡国之痛,孤冷中更兼几分禅意。

十、薛怀《山窗清供图》

薛怀,清乾隆年间人,字小凤,号竹君,江苏淮安人,擅花鸟画。他的《山窗清供图》以线勾勒出大小茶壶和盖碗各一,用笔略加皴擦,明暗向背十分朗豁,其中掺有西画的手法,使其质感加强,更加突出了茶具的质朴可爱。画面上自题五代诗人胡峤诗句:"沾牙旧姓余甘氏,破睡当封不夜侯。"另有当时诗人、书家朱显渚题六言诗一首:"洛下备罗案上,松陵兼列径中。总待新泉治火,相从栩栩清风。"道出了茶具功能及其审美内涵。在清代茶具作为清供入画,反映了清代人对茶文化艺术美的又一追

求，更多的隽永之味，引发后人的遐想。

十一、吴昌硕《品茗图》

吴昌硕，名俊卿，号缶庐，浙江安吉人，清末民国时期"海上画派"最有影响力的画家之一，诗、书、画、印四绝，堪称近代的艺术大师，是西泠印社的首任社长。吴昌硕爱梅、爱茶，他的作品也不时流露出一种如茶如梅的清新质朴感。

吴昌硕七十四岁时画的《品茗图》充满了朴拙之意：一丛梅枝自右上向左下斜出，疏密有致，生趣盎然。花朵俯仰向背，与交叠穿插的枝干一起，造成强烈的节奏感。作为画中主角的茶壶和茶杯，则以淡墨勾皴，用线质朴而灵动，有质感，有拙趣，与梅花相映照，更觉古朴可爱。吴昌硕在画上所题"梅梢春雪活火煎，山中人兮仙乎仙"，道出了赏梅品茶的乐趣。

十二、当代茶画

当代，随着多元文化的蓬勃兴起和相互交错，在中国乃至世界有重要影响的一批书画名家，也都创作了不少以茶为题材的茶事书画作品。

齐白石，名璜，字濒生，号白石等，湖南湘潭人，20世纪著名的书画大师和篆刻巨匠，曾被授予"中国人民艺术家"的称号。齐白石的作品中有不少茶的形象，如《寒夜客来茶当酒》立轴，以宋人杜小山的诗句《寒夜》为题，全诗为："寒夜客来茶当酒，竹炉汤沸火初红。寻常一样窗前月，才有梅花便不同。"画面上墨梅一枝、油灯一盏、提梁壶一把，将画题点出。寓繁于简，给欣赏者留下了丰富的想象空间。画面中空无一人，但可以联想到学子的寒窗苦读、挚友间对茗清谈以及文人的清逸雅趣等许多生活画面。

黄宾虹也画过《煮茗图》。画面有山林涧溪，茅屋数间。主人凭栏静思，童子忙于煮茶。桌上茶已备妥，正待沏茶品味。画上有题语云："前得佳纸作为拙画，置箧衍中忽忽数年。"反映的是作者向往自然，流连品茶自得的心境。

丰子恺的漫画脍炙人口，也多有描绘茶的。《茶舍》画面为晴空夜色，一钩新月。舍内凉台边一张小桌，一壶三杯。题语："人散后，一钩新月天如水。"反映的是人生情味。

傅抱石《蕉荫烹茶图》。图中营造的是清雅脱俗的品茗意境，画家借一壶清茗，刻画着清雅宁静的天地。

至于当代以事茶为内容的绘画，有刘旦宅、萧劳、丁聪、方成、王伯敏、潘公凯、吴山明等，真是不胜枚举。而能接续古典笔墨之幽者，在此可以再谈一人，那就是吴藕汀。

吴藕汀（1913—2005），画家、词人，浙江嘉兴人。幼年便受金蓉镜等影响，嗜昆曲及书画。1949年后以版本学家身份，赴南浔著名藏书楼刘氏嘉业堂整理古籍。著有《烟雨楼史话》《药窗词》《画牛阁词》等书。20世纪50年代，吴藕汀在杭州结识了画界泰斗黄宾虹。当时宾老有感于传统画坛上陋陈相袭，以耳代目，致使中国画濒临绝境的痛切，有"画史必须重评"之愿。此时的吴藕汀撰成《嘉兴艺林三百年》一书，将名不见经传的民间画师一一簿录，为研究画史提供了方便。宾老闻之大喜，邀他雅会，以"人弃吾求"一语许重之。由此一端，可以看出吴藕汀的艺术立场，他既是继承中国古典艺术精神的"遗老"，又是一生甘于清贫寂寞要为艺术鼎革的"新锐"。

他的艺术创作与学养见解直至垂暮之年才为世人所重视。吴藕汀以茶入画的作品不少，他的《廿四节候图》中的"清明"即为画新茶。画中清供，有桃花、茶壶、茶杯、螺蛳。题画诗曰："晚食螺蛳青可挑，无瓶红萼小桃妖。清明怅望双双燕，社近新茶云水遥。"吴藕汀在人生最后时光

所作的《药窗茶话图》更是一张代表其晚年风格的艺术佳作。画上的题字为:"甲申冬吴藕汀时年九十又二写于竹桥"。此画接续了元明以来山水茶画的意境。可见作者虽临摹众家,但能取其精华,不以学像古人为满足,力参己意,以"拙"为归。他又是黄宾虹绘画笔墨与意境的传承者。因中年辍笔,近四十年的荒寂,反而为后来摆脱束缚、打破窠臼、迈进艺术的自由王国带来了契机。一气直写,笔运中锋,力避做作,用民间绘画与文人作家的精练笔墨相结合,维系了传统中国画的嫡传,又创造了现代人类对山川事物的新认识、新感受。其间,茶的题材与精神又与此最为契合。

第三节　精妙雅妍——茶篆刻

篆刻是镌刻印章的通称,在中国的艺术形式中,方寸之间的篆刻往往更能体现艺术家的匠心与功力。我国篆刻艺术历史悠久。早在春秋战国时期,印章就已十分盛行,到汉代,各种风格的印章均已达到很高的艺术境界。元末开始使用石章,改变了篆印、刻印的历史。刻印者自篆自刻,促成了明清以来篆刻艺术的大发展,而历代的印章之中都不乏以茶为题材的佳作。

一、汉代的茶篆刻

秦汉之前,茶篆刻甚少。从现存古玺印痕中可以看出曾有"牛茶""侯茶"等印章。而"张茶"汉篆圆形白文印,刊登于清代编辑的《十钟山房印举》,可以看出是一张姓以"茶"为名者的私印,这是史料记载中最早的关于茶的篆印,非常雅致洒脱、灵动飘逸。

二、明代的茶篆刻

明代大鉴赏家、嘉兴人项元汴，善书画，被称为中国古今第一大收藏家。"煮茶亭长"印是他的一方闲章，是他钤在"元四家"之一的画家王蒙的《太白图卷》上的。这枚茶印以及他收藏的"癖茶居士"的方印，都展现了当时藏家酷爱书画收藏，又常在山间小亭中煮茶听泉消度时光的情景。

明代文伯仁是画家文徵明侄子，擅长山水、人物画。在他的《金陵十八景册》中钤有"一瓯香乳听调琴"的篆印，印文中"香乳"是"香茶"的意思。这枚茶印最后为乾隆皇帝所得。印文与唐代周昉的《调琴啜茗图》有异曲同工之妙。

三、清代的茶篆刻

"扬州八怪"之一的边寿民，晚年在扬州地区以卖画为生，画山水、花鸟，尤擅长画芦雁。在他的名画《芦雁图》上钤有"茶熟香温且自看"的方印，这是篆刻作品中的经典。边寿民通过此印，表达了自己在生活困苦中以卖画为生，却又孤芳自赏的心情写照。

清代皇室宗亲弘旿，擅书画诗赋，治石印。篆有"松窗听雪烹茶"印章，笔画清丽、雅致。松柏与茶之高洁纯真品性相同。读此茶篆，向世人描绘了一幅高山松林下，一茶人独坐窗前，屋外大雪纷飞，屋内炉火正旺的品茗烹茶画面。这枚茶篆，也是清代宗室对文人雅士情致的追求。

晚清篆刻大师赵之谦篆刻了诸多印章，其中有一枚与茶有关的印章留存于世，名为"茶梦轩"。赵大师的篆刻向来是"疏可走马，密不容针"[1]的章法，线条均实、字体朴茂，具有较高的艺术欣赏价值。而最值得一提的是，他在印章的边款上将"荼"和"茶"之间的历史演变关系进行了梳

---

[1] 具体内容参见汪维堂《摹印秘论》。

理，足见其对茶文化历史具有较深的了解和深入认真的态度。

吴昌硕，是以书画著称的篆刻家，也是晚清时期影响最大的篆刻大师。他从事篆刻六十余年，且爱茶、爱画茶，因此篆刻了许多经典的茶印，具有代表性的有"茶禅""茶苦""茶邨"等。吴昌硕大师的茶印不仅数量多，风格也几度流变，在篆刻艺术的道路上一直创新求变。在他和同时代的一批篆刻大师的影响下，晚清时期的篆刻艺术出现了继秦汉之后的又一个鼎盛繁荣时期。

四、曼生壶篆

从清代嘉庆年间开始，盛行在紫砂壶上雕刻花鸟、山水和各体书法。也有书法家、篆刻家在紫砂壶上题诗刻字。其中最著名的是"西泠八家"之一的陈曼生。

陈曼生本名鸿寿，在诗文方面有所钻研，擅长书法，尤其精于隶书，他的字笔姿爽健，独具一格，以气壮力胜为其作品的特点，在当时的篆刻界独树一帜。他在江苏溧阳任县令时结识了清代著名的紫砂壶制作名家杨彭年。杨彭年一家均为当时制壶名艺人，善于制作精美的紫砂壶，所制的壶气韵温雅，浑朴天然，被视为壶中珍品。而陈曼生与杨彭年珠联璧合制作的"曼生壶十八式"，诗、文都篆刻在壶腹部或肩部，且是满肩、满腹，格外突出。曼生壶是文人与紫砂艺术结合的典范，通过文人特有的审美角度，将诗词、书法、绘画灵动地融入紫砂壶中。曼生壶浑然天成的造型、深刻隽永的篆刻艺术，使紫砂壶艺术达到了炉火纯青的境界，成为文人紫砂壶制作的巅峰，成为名垂青史、可遇不可求的珍品。

第五章 雅俗共赏——茶戏剧艺术鉴赏

第一节 源远流长——茶戏曲

一、茶戏曲的发展历史

在中国，茶与戏曲的渊源很深。在唐代，"茶圣"陆羽就有过一段演戏、编剧的经历。陆羽少年时期不愿出家，从龙盖寺逃出来，就投身戏班。他有着惊人的表演与编剧才华，无师自通，不但编写了滑稽戏《谑谈》三篇，而且亲自参加演出，还耍弄木偶，演做假官，做了藏珠之戏。可惜这些剧作，未能流传后世。

宋代，音乐、曲艺已进入茶馆。宋元南戏《寻亲记》中有一出"茶访"的场景剧目。

中国的戏曲是到元代才成熟的。那里面已有关于茶的场景。如元代的杂剧《孟德耀举案齐眉》中有："吩咐管家的嬷嬷，一日送三餐茶饭去。"而元代王实甫有《苏小卿月夜贩茶船》，都是有茶事内容的杂剧。此后，中国的传统戏剧剧目中，还有不少表现茶事的情节与台词。如昆剧《西园记》的开场白中就有"买到兰陵美酒，烹来阳羡新茶"之句。

到了明代，大约和莎士比亚同期，中国出现大戏剧家汤显祖，他把

自己的屋子命名为玉茗堂，他那二十九卷书，通称《玉茗堂集》。在他的代表作《牡丹亭·劝农》一折中描写了茶事，并被搬上舞台演出。汤显祖在茶乡浙江遂昌当过县官，在那里写过"长桥夜月歌携酒，僻坞春风唱采茶"的诗行。他写"劝农"，是有生活基础的。此时戏台上开始出现一种朴素的服饰，行家称"茶衣"，蓝布制成的对襟短衫，齐手处有白布水袖口，扮演跑堂、牧童、书童、樵夫、渔翁的人就穿这身。

中国曲艺的发展少不了茶在其中的重要作用。以苏州评弹为代表的曲艺，其舞台就是茶馆。无论南北，不仅弹唱、相声、大鼓、评话等曲艺大多在茶馆演出，就连各种戏剧演出的剧场，最初亦多在茶馆。所以，在明清时期，凡是营业性的戏剧演出场所，一般统称之为"茶园"或"茶楼"，而戏曲演员演出的收入，早先也是由茶馆支付。如19世纪末北京最有名的"查家茶楼"后改为"广和茶楼"，以及上海的"丹桂茶园""天仙茶园"等，均是演出场所。这类茶园或茶楼，一般在一壁墙的中间建一台，台前平地称之为"池"，三面环以楼廊作观众席，设置茶桌、茶椅，供观众边品茗边观戏。直到今天，北京的老舍茶馆依然是以观赏曲艺为最大特色的茶馆。

二、茶题材的传统戏曲剧目鉴赏

（一）《牡丹亭·劝农》

明代著名戏剧家汤显祖在他的代表作《牡丹亭》里，就有许多表达茶事的情节。如在《劝农》一折，当杜丽娘的父亲，太守杜宝在风和日丽的春天下乡劝勉农作，来到田间时，只见农妇们边采茶边唱道："乘谷雨，采新茶，旗半枪金缕芽。学士雪炊他，书生困想他，竹烟新瓦。"杜宝见到农妇们采茶如同采花一般的情景，不禁喜上眉梢，吟曰："只因天上少茶星，地下先开百草精，闲煞女郎贪斗草，风光不似斗茶清。"

（二）《水浒记·借茶》

明代许自昌编剧。内容是写张三郎偶遇县衙押司宋江之妾阎婆惜，先是借茶调戏，继而以饮茶为由，勾搭成奸，最终被宋江杀死的情节。

（三）《玉簪记·茶叙》

明代高濂编剧。内容是写才子潘必正与陈娇莲从小指腹联姻，后因金兵南侵而分离。陈娇莲进女贞观改名妙常，潘必正投金陵姑母处安身，后在女贞观与妙常相见。一天，妙常煮茗问香，相邀潘必正谈话。在禅舍里，二人品茗叙情。妙常有言道："一炷清香，一盏茶，尘心原不染仙家。可怜今夜凄凉月，偏向离人窗外斜。"在此，潘、陈以清茶叙谊，倾注离人情怀。

（四）《凤鸣记·吃茶》

相传系明代王世贞编剧。全剧写权臣严嵩杀害忠良夏言、曾铣。杨继盛痛斥严嵩有五奸十大罪状而惨遭杀戮。《吃茶》一出写的是杨继盛拜访附势趋权的赵文华，在奉茶、吃茶之机，借题发挥，展开了一场唇枪舌剑。

（五）《四婵娟·斗茗》

清代洪昇编剧。《斗茗》为《四婵娟》之一，写的是宋代女词人李清照与丈夫金石学家赵明诚"每饭罢，归来坐烹茶，指堆积书史，言某事在某书、某卷、第几页、第几行，以中否角胜负，为饮茶先后"的斗茶故事，描写了李清照富有文学艺术情趣的家庭生活。

（六）《沙家浜》

大作家汪曾祺改编的京剧《沙家浜》是八个样板戏之一。其剧情就是在阿庆嫂开设的春来茶馆中展开的。里面有段由阿庆嫂唱的"西皮流水"："垒

起七星灶，铜壶煮三江；摆开八仙桌，招待十六方；来的都是客，全凭嘴一张；相逢开口笑，过后不思量；人一走，茶就凉，有什么周详不周详……"

第二节　诙谐生动——采茶戏

在茶与戏曲的相辅相成中，中国诞生了世界上唯一由茶事发展产生的以茶命名的戏剧——"采茶戏"。

所谓采茶戏，是流行于江西、湖北、湖南、安徽、福建、广东、广西的一种戏曲类别，是直接由采茶歌和采茶舞脱胎发展起来的，最初是茶农采茶时所唱的茶歌，在民间灯彩和民间歌舞的基础上形成，有四百年历史。这个戏种善用喜剧形式，诙谐生动，多表现农民、手艺人、小商贩的生活。采茶戏不仅与茶有关，而且是茶叶文化在戏曲领域派生或戏曲文化吸收茶叶文化形成的一种灿烂的文化内容。有出戏叫《九龙山摘茶》，从头到尾就演茶：采茶、炒茶、搓茶、卖茶、送茶、看茶、尝茶、买茶、运茶，全都做了程序化的描述。

早在清代，在粤东一带每一个民族都有固定的时间举办各种传统采茶比赛及歌舞活动。当然也有些少数民族农村地区，以青年男女唱成对调的茶歌形式，通过抒情、娱乐，表现少男少女恋爱择偶的兴奋羞涩情感。此类采茶戏歌舞，情感作为不可或缺的重要因素融入艺术作品中，使作品具有了情感碰撞。清代李调元的《粤东笔记》卷一中的风俗杂事，记载了采茶歌舞的艺术形式。作品中感受最深、表现力最强的部分就是歌舞的抒情。在汉族民间，保存下来的茶歌也有很多。江西井冈山的民歌《请茶歌》，旋律鲜明、节拍规整，是折射民族文化和精神的茶故事，是采茶歌曲的典型作品。

采茶戏在各省每每还因流行地区不同，而冠以各地的地名来加以区别。如广东的"粤北采茶戏"，湖北的"阳新采茶戏""蕲春采茶戏"，以及黄冈的"黄梅采茶戏"等。这种戏尤以江西较为普遍，剧种也多，如江西采茶戏，有"赣南采茶戏""抚州采茶戏""南昌采茶戏""武宁采茶戏""赣东采茶戏""吉安采茶戏""景德镇采茶戏"和"宁都采茶戏"等。这些剧种虽然名目繁多，但它们形成的时间，大致都在清代中期至清代末年这一时期。它们的形成，不仅脱胎于采茶歌和采茶舞，还和花灯戏、花鼓戏的风格十分相近，与之有交互影响。

第三节　传承创新——茶话剧

话剧指以对话方式为主的戏剧形式，于19世纪末20世纪初来到中国。1906年冬，受日本"新派"剧启示，中国留日学生曾孝谷、李叔同等于东京组织建立一个以戏剧为主的综合性艺术团体——春柳社。先后加入者有欧阳予倩、吴我尊、马绛士、谢抗白、陆镜若等人。1907年，春柳社在日本东京演出《茶花女》《黑奴吁天录》。同年，王钟声等在上海组织"春阳社"，演出《黑奴吁天录》，这标志着中国话剧的奠基和发端。这种以对话为主要手段的舞台剧被称为新剧，后又称文明戏。1910年，同盟会员刘艺舟（又名木铎）由关内来到辽阳，演出了新剧《哀江南》和《大陆春秋》。同年5月到奉天，与戏曲艺人丁香花、杜云卿等人联合，先后在鸣盛茶园演出抨击封建专制的新剧《国会血》。中国的话剧就这样从茶园茶馆中开始上演了。

一、外国茶事话剧

随着中国茶向外传播，茶进入了各国人民的生活之中，茶事自然也渗入到外国的戏剧中。1692年，英国剧作家索逊在《妻的宽恕》剧中有关于茶会的描述。1735年，意大利作家麦达斯达觉在维也纳写过一部叫《中国女子》的剧本，其中有人们边品茶、边观剧的场面。还有英国剧作家贡格莱的《双重买卖人》、喜剧家费亭的《七副面具下的爱》，都有饮茶的场面和情节。德国伟大的戏剧家布莱希特的话剧《杜拉朵》中也有许多有关茶事的情节。

1701年，荷兰阿姆斯特丹上演的戏剧《茶迷贵妇人》，至今还在欧洲演出。荷兰是欧洲最早饮茶的国家。中国茶最初作为最珍贵的礼品输入荷兰。当时由于茶价昂贵，只有荷兰贵族和东印度公司的达官贵人才能享用。到1637年，许多富商家庭也参照中国的茶宴形式，在家庭中布置专用茶室，进口中国名贵的香茗，邀请至爱亲朋欢聚品饮。致使许多贵妇人以拥有名茶为荣，以家有高雅茶室为时髦。后来，随着茶叶输入量的增多，使饮茶风尚逐渐普及到民间。

在一段时间内，妇女们纷纷来到啤酒店、咖啡馆或茶室饮茶，还自发组织饮茶俱乐部、茶会等。由于妇女嗜茶聚会，悠闲游逛，懒治家务，丈夫常为之愤然酗酒，致使家庭夫妻不和，社会纠纷增加，因此社会舆论曾一度攻击饮茶，《茶迷贵妇人》写的就是当时荷兰妇女饮茶及由此引起的风波。

二、中国茶事话剧

谈到中国的茶事话剧，著名剧作家田汉的《梵峨璘与蔷薇》中有不少煮水、沏茶、奉茶、斟茶的场面。但最为脍炙人口的经典之作，就是老舍的《茶馆》。

由老舍编剧，焦菊隐、夏淳等导演的话剧《茶馆》是北京人艺的"看家戏"，也是我国目前演出场次最多的剧目之一。该剧通过写一个历经沧桑的"老裕泰"茶馆，在清代戊戌变法失败后，民国初年北洋军阀盘踞时期和国民党政府崩溃前夕，在茶馆里发生的各种人物的遭遇，以及他们最终的命运，揭露了社会变革的必要性和必然性。《茶馆》自1958年3月首演以来，已走过近半个世纪的风风雨雨。从第一版首演之日起，《茶馆》便和于是之、蓝天野、郑榕、英若诚、黄宗洛这些艺术家的名字联系在一起。《茶馆》因为他们的不懈努力和精彩演绎而成为世界戏剧舞台上的不朽之作。

话剧《茶餐厅》是讲述"香港人北漂"三十年创业史的一部现实主义题材作品。描写香港人在北京经营港式茶餐厅，奋斗打拼三十年，最终扎根北京、融入北京的创业故事。该剧具有开阔的历史视野与新颖的叙事结构。"戏中戏"令人耳目一新，作品将北京电台FM87.6直播间搬上舞台，整部剧以主人公接受主持人采访展开回忆为叙事方式。话剧选择了茶餐厅这一香港独特的茶文化餐饮形式，形成了一个巧妙的空间，为观众揭示了一个普通香港人在内地的奋斗历程。

话剧《茶人杭天醉》是由浙江艺术职业学院根据王旭烽长篇小说《南方有嘉木》改编的原创话剧。此剧由莫江陵编剧，史昕导演。茶的清香、心的碰撞、爱的纠缠，在剧中交织。本剧时代背景是清朝末年，以绿茶之都杭州的忘忧茶庄杭氏家族跌宕起伏的命运为主线，讲述了剧中人物忧患重重的人生。忘忧茶庄的茶人叫杭天醉，生长在封建王朝瓦解与民国初建的年代，他是一个矛盾集合体，有学问、才气、激情，也有抱负，但却优柔寡断，爱兄弟、爱妻子、爱子女……最终却"爱"得茫然若失。通过描述杭氏家族的兴衰成败，将杭城史影、茶业兴衰、茶人情致等熔于一炉，也可以看到人生道路上忍辱负重、挣扎前行的杭州茶人的气质和风采，也

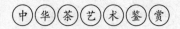

传递了那个时代中国人求生存、求发展的坚毅精神和向往光明的思想感情。

三、现代茶事剧目欣赏

（一）《中国茶谣》

《中国茶谣》是2008年由浙江农林大学茶文化学院创作，著名茶文化学者、作家王旭烽编剧、导演的一台大型综合茶文化舞台艺术呈现，并登上了联合国世界茶叶大会的舞台。

《中国茶谣》以多重艺术的形式对茶文化进行了叙述：

一是华夏民族的生命形态。在这里，从生活开始的十个过程，分别是劳作、相爱、祈祷、成亲、养生、离别、劫难、相思、耕读、团圆。这是一个完整的生命形态，因为有着很高的概括性，不仅象征着中华民族这悠久古老民族的生活方式，而且在全世界任何地方都会引起共鸣。

二是茶文化的民间文化形态。从喊茶、佛茶、采茶、下茶、仙茶、施茶、讲茶、会茶、礼茶到祝茶，每一个茶文化习俗都具有强烈鲜活的民间形态，都有出处，都有传统，都有鲜明的艺术表现方式，有的具有很高的审美价值。

三是时间概念上的文化节点。整个过程以人的生命为长歌，以茶文化为内容，以中华节气和节日为坐标，它们分别是惊蛰、清明、芒种、立夏、立秋、中秋、白露、大雪、除夕、春节。这些节气和节日自身带有强烈的东方文明审美符号，加之茶文化习俗与之重叠，使中国文化的符号作用更为强烈和清晰。

四是独特的表现形态。虽然有常规的歌舞，但茶文化中特有的茶艺形态，亦可以与舞台呈现相结合，还可以结合诸多的文化样式，如戏曲、歌舞、影像、茶艺、武术、说书等。

作品的表现方式体现了中华民族高度的美感和丰富的文化内涵，尤其

是茶文化中的茶民俗，把中华民族生生不息的生命形态"茶化"，最容易沟通各民族各个不同文化背景下人们共通的情怀与精神。

（二）《六羡歌》

2010年，由浙江农林大学茶文化学院创作的六幕话剧《六羡歌》在北京朝阳区9剧场上演。该话剧由王旭烽担任编剧、总导演，由笔者担任执行导演，由浙江农林大学梵风话剧社的学生以及茶文化专业的学生担任演员。剧本、导演、演员、舞美、道具、宣传、剧务等全部由师生原创，先后在北京、杭州、湖州等地公演。

全剧讲述了一群茶文化系的学生穿越历史，梦回大唐，直面茶圣陆羽与女诗人李冶（李季兰）的情感纠葛。全面反映了安史之乱后唐朝的社会面貌，展现了中国茶文化鼎盛年华的气象，表现了一代茶圣的心路历程，描绘了知识分子内心的愿景及其思想斗争，是一个诠释生命与爱情、理想与抉择的故事。

话剧《六羡歌》歌颂了陆羽所代表的茶人的价值观，精行俭德，不慕权贵，在沧海横流的俗世之中保持自己的姿态，这也是为了让今天的人们看到生命戒去浮躁的另一种存在。全剧由一场辩论而起，其实这场关于爱情的辩论最终成为世界观的辩论，并且永无止境。一个将终点放在自然之上，一个则将终点放在人之中。孰优孰劣各在人心，并无定论。

通过话剧《六羡歌》，以舞台艺术呈现的方式回到中国文化最多元的时代，看一看安史之乱后的大唐，也看一看顾渚山中茶人静好的大唐，引起对茶文化更新也更深刻的解读。

第六章　天人合一——茶空间艺术鉴赏

茶空间是茶艺整体结构中环境布局的体现，是以茶、茶具、茶人为主体，在特定的环境中与其他艺术形式合作融汇、共同完成的具有独立主题的茶道艺术组合。茶空间注重适合环境及主题氛围的设计布置，是茶道中高雅文化和艺术的重要内容之一。中国传统茶文化中的茶席、茶境、茶寮构成了茶空间，为茶的艺术增添了富有诗意的美感和境界。

第一节　物我两忘——茶席之美

茶席设计与品茶艺术相互配合、互为补充，自从把以简单止渴为目的的饮茶上升为具有艺术感、仪式感的品茶，自然而然就有了茶具摆放与茶席布置的要求。而茶席又是在不同的品茗空间环境中的展示，不仅在特定的茶室中，甚至很多茶席创新地摆在了空旷的野外。多种风格的茶席，展现出

图6-1　茶席1

了具有不同主题、内容和内涵的茶文化。

茶席的组成元素有茶品、茶具、铺垫物品、插花、香、挂画、工艺品、茶点、茶果、背景、茶人，这些构成了一个完整并具有主题的茶席，我们在布置茶席时可以将这些元素全部运用，但在一些特殊的情况下也可以单选其一。

一、茶品

整个茶席中，茶是灵魂，是茶席的思想基础，占据着重要的位置，因此，在茶席上我们看到的都是把茶放在茶桌最中央、最显眼的位置的情况。有茶才有茶席，茶是茶席源头，又是茶席使用的最终目的。中国茶类丰富多样，绿茶、红茶、白茶、青茶、黑茶、黄茶六大茶类为主要茶品。不同的茶，其冲泡方式和手法不一样，这在一定程度上决定着茶席的布置和茶具的选择。按照茶类特质区分，人们对冲泡茶叶的茶具的种类、色泽、质地和样式，包括茶具的轻重、厚薄、大小等都提出了相应的要求。

二、茶具

茶具是为泡茶而服务的，为了丰富茶的内涵，历朝历代的茶人及工匠不断努力开发创造出各种各样的茶具来满足品茗的需求。我们现在普遍认为的"茶具"，主要是指冲泡时用的茶壶、茶杯等饮茶器具，现代意义上的茶具种类屈指可数，但

图6-2　茶席2

古代"茶具"的概念范围却很大。唐代时,"茶圣"陆羽就在《茶经·四之器》中介绍了他设计的一套24件茶具及每件茶具的作用,这是中国历史上第一次有记载的茶具。1987年,在陕西扶风出土的唐代宫廷鎏金茶具,是迄今为止发现的最完整最奢华的古代皇室宫廷茶具,其精致和复杂给茶具发展的辉煌以诠释和见证。

古今各类茶具都可以用于茶席。在一个简单的茶席中,常见的茶具有水盂、煮水器、炭炉、茶杯、杯托、盖碗、壶、壶承、茶则、公道杯、茶巾等。茶具组合在茶席中,一般成套运用,但有时为了更贴合茶艺创作的主题,打破原有的茶具组合,用不同的茶具进行创新配置,也可达到出人意料的效果。

三、铺垫物品

茶席铺垫物是指茶席整体布置或局部茶具物件摆放时所用的铺垫物。它既可以保护茶具,使之不直接碰触桌面或地面,又能保持器物的清洁干净,还是在茶席设计主题中起到画龙点睛作用的辅助器物。茶席的铺垫物品,虽然在整个茶席中起辅助作用,但是如果使用得法,却能够起到锦上添花的出彩效果。铺垫物品材质、款型、大小、色彩、花纹图案的选择,以及在布置茶席时运用对称、不对称、烘托、反差、渲染等手法,都要根据茶席设计的主题与立意来进行整体统一规划。当然,也有茶席不用铺垫物品,目的是将桌面及空间的原色与质感充分展现出来,追求天然质朴的韵味,这就要求茶席设计者具有独到的眼光和深厚的艺术功底。

图6-3　茶席3

四、插花

图6-4　茶席插花

图6-5　茶席插花

插花能点缀茶席，令茶席增色，传统的插花是以切下来的植物的枝、叶、花、果等为素材，使用一些技法，经过富有美感的艺术构思和适当的整理修剪，按照美术构图原则，进行色彩的搭配设计，最后成为既具有丰富的思想内涵，又能保持天然，再现自然界之美的艺术作品。

五、茶席之香

香对人的影响是一种心理影响，人们发现，如果置身于空气清新的大自然或芳香的植物丛中，能令人心旷神怡、神清气爽，心中的疲惫和身体的倦意都能一扫而光。在茶席中点香可以营造出宁静祥和的环境，让人宁静安神，使茶空间的氛围达到一种平和的境界。在茶席中使用的香主要有沉香、檀香、龙脑香、降真香、龙涎香等名贵香料。

六、挂画

茶席中挂画，是把古色古香的书法、绘画等艺术作品挂在茶席的屏风、支架或茶室的墙上，也有用绳索牵拉悬空挂于空中，挂画作为茶室的一部分，目的是让茶客欣赏绘画作品。茶席挂画的主要作用是为了烘托出茶席的文化艺术气息，有些挂的书法、绘画作品是直接用来表明茶席主题的。茶席所挂的画和书法作品，应该要

图6-6　茶席6

与茶席整体的设计风格一致。即便是茶室专门的挂画，也要保持风格与美感上的谐调，不能像画廊中陈列画展一样，密密麻麻地堆满作品。错落有致，突出茶席的主体地位，布置茶画时要注意原则。

七、工艺品

茶席上的工艺品有陪衬、烘托茶席的主题，并将主题升华的作用。所

以工艺品在茶席中要摆放在旁、侧、下或背景的位置,不能喧宾夺主过分突出,更不能与器物使用相冲突。工艺品在材质、造型、色彩等方面与主泡器相融合,搭配协调。

八、茶席背景

茶席在不同的地方摆放,背景本身就呈现出不同的格局,一种是室内背景,一种是室外背景。而且,这两种情况都包括两种方式:一是采用原有的背景;二是重新设计或选取新的背景。

在室内摆设茶席的,如以室内原有状态为背景,可以以舞台为背景,以会议室

图6-7　茶席7

主席台为背景,以装饰墙面为背景,以廊口为背景,以房柱为背景,以玄关为背景,以博古架为背景,等等。有时候为了简便和节约,也可以利用织品、席编、灯光、书画、纸伞、屏风,或者其他可以改变背景的现成物品。

茶席室外背景的处理,由于一般选择自然美景,只要与茶席整体感协调,就可以达到美不胜收的效果。当然,有时候也可以突出景点的某一部分,如以树木、竹子、假山、街头屋前为背景。根据需要,有时候也可以把室内背景用品(如屏风)移到室外。此外,茶席背景还包括音乐,这也是另一种营造氛围的方式。

九、茶人

茶人，是茶席的关键与主体。茶人既是茶席的设计者，也是茶会的参加者。茶席需要人来设计，茶席也需要人来欣赏。茶人作为茶席的设计者，需要具备高超的人文艺术素养和深厚的文化修养。要对茶有深入的认识和科学的掌握，了解茶的历史、种类及各类名茶的特点、冲泡的方法，并能正确地选择适合茶类冲泡的茶具。把习茶当作生活的修行，循序渐进地一步步精进，认真钻研，恬淡从容，才能达到心无杂念的境界。

中国古人对品茗的环境要求非常高。古人饮茶，不仅仅是为了满足解渴、疗疾、去腻等生理需要，对于精神上的愉悦和享受追求更高。饮茶时，除了对茶的质地、水质、冲泡方法、茶器有较高的要求，人们通过茶道，不仅满足饮茶的物质享受，更追求上升到精神和艺术层面的享受，以此获得心灵慰藉。人们通过日常的品饮活动，获得精神上的升华，灵魂也在沁人心脾的茶香中得到洗礼与净化，身心都进入了奇趣无穷的艺术境界。因此，营造适宜的品茶环境，将茶汤在充满诗意的茶席中呈现，就显得极其重要了。

第二节　天地境界——茶境之幽

茶人们把品茗看成艺术，称之为"茶艺"，是因为饮茶过程中的冲泡、茶礼、环境等都讲究谐调。饮茶方法与品饮的环境、地点都应营造和谐一致的美学意境。有的茶人在大自然的环境中布置茶境，在山水之间，饱尝林泉之趣，整个品饮活动在吸收天地灵气之时充满了诗情画意。有的在庭院中的小寮，设精致茶境，在雅室、美器中，举杯看云卷云舒、花开花谢，品茗时以僧朋道友、诗画书琴为伴。所谓饮茶的环境，需要寻觅自然之美，营造布置之美，通过寻觅和创造，才可获得最佳的饮茶环境。茶境不仅在于景、物之美，还要有与之心灵相通的人和事，才算完美。

图6-8　户外茶境

图6-9　茶席8

我国古代就重视饮茶环境，陆羽《茶经》中就提到了五处适宜饮茶的户外自然环境和室内饮茶空间的布置，"野寺山园""松间石上""瞰泉临涧""援挤岩，引绳入洞"是适合饮茶的户外佳境，"城邑之中，王公之门"则是不同的饮茶场所。而在室内品茶，就应该注重室内饮茶环境的布置和氛围的渲染。唐代时，还有很多茶人喜欢在花间、竹下品饮，这些环境比起山野与厅堂，自然有不同寻常的风韵和惬意。"诗僧"皎然曾有一首诗，描述了几位高人雅士在花间品茗的场景，他们在此品茶聚会、赏花、吟诗、听琴、品茗，诗中描绘的正是这般清幽高雅的品茗环境。唐代诗人钱起也有诗句："竹下忘言对紫茶，全胜羽客醉流霞。"描写了在竹下饮茶的幽美环境。

宋代品茶有"三点"：一为新茶、甘泉、洁器，二是好天气，三是风流儒雅、气味相投的茶友，"三不点"则反之。亦是对品茗的茶境提出了

要求。曾巩的《尝新茶》对茶境的要求做了最好注解："泉甘器洁天色好，坐中拣择客亦嘉"，意思是有新茶、甘泉、清器和好天气，再加上心意相合的茶友，这便构成了饮茶的最佳环境。相反，如果有茶不好、泉不清、器不净，再遇到不好的天气，喝茶的同伴也缺乏教养，举止粗俗等恶劣情况，这种茶境是非常糟糕的。

明代，人们对于品茶环境要求更高，也更加严格、精细了。朱权在《茶谱》中写道："或于泉石之间，或处松竹之下，或对皓月清风，或坐明窗静牖。"描绘出了清雅优美的饮茶之境。1581年，文徵明、蔡羽、王宠等七人，在惠山二泉亭下会茶，作茶图一幅，即著名的茶画《惠山茶会图》，展现了茶人追求山林之乐的情景。江南第一风流才子唐伯虎，擅长书画，更喜品茗，一生之中作有《事茗图》《烹茶图》《品茶图》《煎茶图》等与茶有关的名画。其中，《事茗图》描绘了文人学士在夏日悠游山水间，相邀品茶的情景。青山苍翠，溪流潺潺，参天古树下，茅屋中有一人在全神贯注倚案读书，书案上摆着茶壶、茶盏等诸多茶具，屋内一童子正在烧火烹茶，舍外小溪上横卧板桥，有一人缓步来访，身后书童抱琴相随。画卷描绘的人物栩栩如生，环境幽雅，展现了读书品茗的真实画面。明代画家仇英的《松间煮茗图》中也向人们展现了山林中的茶事，画中山间飞瀑数叠，流入松林溪间，临溪有一松亭，亭中的隐士在品茶赏美景，有童子蹲地煮茶，亭外的溪边另一童子正用汤瓶汲水以备煮茶。明代的茶人并不满足于山林名泉的潇洒悠游，他们还经常带着茶具泛舟游览。在《煮茶图》中，作者回归田园后，造舟以供出游。由此可见，在清风明月中，泛舟湖上品鉴香茗，与在山林陆地间的品茶相比也别有一番风味。

第三节　孔颜之乐——茶寮之趣

"茶寮"原本是寺庙中僧人的饮茶场所，后来随着茶饮的不断扩大发展，茶寮的意义和使用价值也逐渐扩大，一般来说泛指饮茶的小室或小屋，也包含了品茗的环境和场所。晚明时文人喜欢在幽静的小室中品茶，他们自己筑造茶室茶寮，并隐身于茶寮中细煎慢品。我们了解到的明代的茶寮有两种，一种是专室式，指专门另辟一室作为品茗之处，另一种是书斋式，也就是其兼具读书与品茶的双重功能，也有在书房中摆设茶具来品茗，一般为文人书房案头的喝茶所在，并用以在诵读之余休闲、消遣、会客，成为"左图右史，茗碗薰炉"[①]。明代书斋茶寮的记载很少在专门的茶学专著中出现，反而一些别记中有数量不少的记录。比如，"坐久，佐一瓯茗，神气宜益佳"[②] "晚岁筑书室于西溪……客至，则焚香煮茗，……虽久而弗厌也"，都是对书斋式茶寮的描写。但是，无论是专室式还是书斋式的茶寮，都以注重茶寮内部的舒适、雅致、幽静、洁净等为重点。晚明名士李日华对此有描述："洁一室……自然有清灵之气来集我身。"因此，茶人们把这种高远清灵的追求作为专室式茶寮的代表来追捧模仿。

---

① 具体内容参见周履靖《茶德经》。
② 具体内容参见《莫是龙年谱》。

图6-10　茶席10

　　明代的茶文化较之以往的朝代进行了革新发展，相当发达。茶寮形式也绝不仅仅是以上两种所能涵盖的，对明代的茶人而言，茶寮不是用简单的场所就能概括说明的，它已经被赋予了更为丰富的文化和艺术内容。吴智和在文章《明代茶人集团的社会组织——以茶会类型为例》中说道："茶寮对于茶人，有如下五层意义：茶寮是陶冶性情修身养性的养心斋，茶寮是探索研究茶事科学的实验室，茶寮是志同道合的挚友们相互交流学习的演法堂，茶寮是当时学习饮茶泡茶法的讲习所，茶寮是爱茶嗜茶的茶友客人们的品茗聚会的聚集地。"

　　当时许多的茶书从品茗的环境、场合、时间、茶客及僮仆等方面提出要求，规范确定了茶寮饮茶的宜忌。其中涵盖了品茶方式全部过程的诸多方面的要求，茶侣、场所、茶具、时间都需要具有适合冲泡的条件，以达到品茶时营造的洁净、优雅、闲适、自然、宁谧的环境。而在此当中，当然也有附庸风雅的虚伪之徒，但是这种尽善尽美的要求，使茶艺文化在无形中得到了传承和发展，并由此最大限度地发挥了品茶的艺术功能，使人在品茶时得到了艺术的享受。明代才子徐渭在《徐文长秘集》中列举了种种品茶的环境，通过他的描述我们看到了明代茶人越来越走向高雅的品茗意趣和境界。诸如此类的论述在明清两代的许多茶书中都有详细记载描写。明代许次纾在著作《茶疏》中对茶寮的地点选择，茶寮内炉灶、茶几等器具的摆放位置，以及茶寮中要注意的事项，都有详尽的叙述和要求。许次纾对于饮茶的环境气氛颇有自己的见解，并进行了专门研究。他认为，品茶应该在闲暇之余，选择风清日和的天气，在茂密的树林、青翠的竹林、清雅幽静的寺庙或道观，以及小桥流水旁的舟车画舫等优美环境中进行。他在《茶疏》中，将品茶的最佳氛围环境一一列举，如描写人心情的：心手闲适，披咏疲倦，意绪纷乱。描写饮茶环境的：明窗净几，洞房阿阁，小桥画舫，茂林修竹，清幽寺观，名泉怪石。还有描写天气状况的：风日晴和，轻阴微雨。描写艺术氛围的：听歌拍曲，鼓琴看画。描写茶友投缘的：夜深共语，宾主款狎，佳客小姬，访友初归。这些都为人们描绘了一幅充满诗意的茶寮画卷。

明代末期的冯可宾在《岕茶笺》中提出了"茶宜"有十三，也就是适宜品茶的十三个条件。一要无俗事缠身，可以有品茶的时间；二要有品位高尚且懂得欣赏茶的茶客；三要身心安静，在幽雅的环境中品茶；四要吟诗助兴；五是饮茶时若能泼墨挥洒，以茶相辅，则更益清兴；六要在清雅的庭院信步徘徊，时啜香茗；七要酣梦初起，以茶醒脑；八是酒醉未消，以茶解酒；九要用新鲜的果品供在茶桌上佐茶；十是茶室要布置得精致典雅；十一是品茶时要全身心投入去品味；十二是细细品赏，体会茶的色、香、味；十三是泡茶时有文静伶俐的茶童在旁伺候。除此之外，他又提出了品茶时的"七禁"，也就是饮茶时禁止的不良习惯：一是烹煮不得法；二是茶具质量差且不洁净；三是主人和客人素质低下，没有修养；四是纯粹为了官场往来，不得已的应酬，失去了品茶的本真；五是食用了荤腥的食物来品茶，使茶的清淡之味尽失；六是忙于俗务，没有时间去细细品尝茶的味道；七是茶室的布置俗不可耐，环境恶劣，使

153

人难以产生饮茶兴致。由此可见，饮茶环境除了需要具备客观环境，主观心境也是其中重要的一环。

关于饮茶的禁忌及何种情况下不宜设茶室，不仅在冯可宾的"七禁"中有明确的要求，许次纾的《茶疏》中也对不宜饮茶的情形做出了列举："作字""观剧""发书柬""大雨雪""长筵大席""翻阅卷帙""人事忙迫"，在以上的这些情况下不宜饮茶。对饮茶的环境，他指出，不宜近阴室、厨房、闹市喧哗之地、小儿啼哭之处，远离野性人、童奴相哄、酷热斋舍等恶劣的环境氛围。

上述古代茶人们对饮茶环境的追求，并不是一致的，也有不同的观点和声音，有的认为是文人性灵生活的追求，也有的认为是附庸风雅不足道也。如许次纾关于品茶最佳氛围虽得到大多数人的认可，但也有学者认为无非清闲、雅玩，而茶人高洁的志向于此消失殆尽矣。晚明文人的生活追求也被认为"不过是风流文事，耗心志，有些人醉心于茶，将一生都泡在茶壶里。完全失去了那阔大的抱负与胸怀"。

总而言之，在品茶生活艺术化的过程中，茶人们注重在优雅的意境中去享受品茶的雅趣，讲究情景交融，努力追求人与自然、人与环境的和谐相融。这是中国的茶文化深受中华传统文化的影响而产生的必然结果，全面体现了中国古代哲学中"天人合一"的思想精神。古代的先哲认为，人与人、人与自然环境、人与万物，都是和谐一体、共存于世的，"物我两忘""心心相印"，其实说明了人与自然、人与人、人与万物和谐统一的最高境界。品茶，作为一种生活方式，也作为一门艺术修养，在享受欣赏的过程中以主客体的相互统一作为茶道修行的最高境界，中国茶道正是以古代"天人合一"的思想为基础发展的。因此，对品茶空间环境的选择，对品茶茶友人品的挑剔，几乎都成了可以圆满完成品茗艺术的必要手段，也是体现茶人高雅情操的必备因素。

第七章　表礼之形——茶器艺术鉴赏

第一节　去繁就简——茶具的发展演变

茶具，是中国古代茶文化中的一个重要组成部分，通过茶具史的兴衰，可以看到茶文化的历史背景，中国古代茶具也有其独到的发展过程和历史。"茶具"一词最早在汉代出现。西汉辞赋家王褒《僮约》有"烹茶尽具，酺已盖藏"之说，这是我国最早提到"茶具"的一条史料。中华茶艺，孕育于汉魏，滥觞于隋唐，发展于宋元而成熟于明清。茶由药用而变为日常饮品，已逐步超越了自身的物质属性，而迈入了一个精神领域，成为一种文化、一种修养、一种人格、一种境界的象征。与此相应，茶具的发展，也表现为由大趋小，由简趋繁，复又返璞归真、从简行事的过程。它与时代风气相涤荡，逐渐趋于艺术化和人文化。

唐代以前的茶具，文献有所提及，但大都语焉不详。盖其时茶具与食器不甚分明，相混而用。自从"茶圣"陆羽著了《茶经》后，"茶道大行"，中国的茶，也由此进入了一个新境界。其《器》章就列举了数十种煮茶和饮茶的器具。成套茶具曾风靡朝野，以致"远近倾慕，好事者家藏一副"[①]，体现了以实用为主兼具情趣的特色。

---

① 封演.封氏闻见记［M］.北京：国家图书馆出版社，2012.

如果说唐代茶具以古朴为特点，那么宋代茶具则以绮丽为时尚。宋代茶具较之唐代，变化的主要方面是煎水用具改为茶瓶，茶盏尚黑，又增加了"茶筅"。这一切，都与宋代风行的"斗茶"（一种近乎游戏的饮茶方式）时尚相适应。

宋代煮水器很少用，改用铫、瓶之类。铫俗称吊子，即有柄有嘴的烹器（今北方农村尚有这种陶或铜制的煮水器）。改用有柄有嘴的茶铫、茶瓶，主要是为了"斗茶"。斗茶用的茶瓶，大多鼓腹细颈，单柄长嘴，嘴呈抛物线状，便于注水时控制自如。

宋代饮茶多用茶盏，即一种敞口小底厚壁的小碗。不同的是，宋代以通体黑釉的"建盏"为上。建盏产于建州（今福建建瓯），因其色呈黑紫，又名"乌泥建""黑建""紫建"。建盏流行于宋代，其基本原因是为"斗茶"所需。斗茶时，茶汤呈白色，汤花更是色泽纯白，与乌黑的建盏相配，黑白分明，便于看出水痕，区分茶质优劣；盏壁较厚，宜于保持茶汤的温度。这些都是建盏的实用效能。

明清茶具呈现一种返璞归真的趋向，由宋代的崇金贵银而转为崇尚陶质、瓷质。但这类陶瓷茶具之精巧绮丽，又非唐人所能企及。

明代开始，对茶盏色泽的要求又出现一大转变。明人屠隆《考槃余事》称"质厚难冷，莹白如玉，可试茶色，最为要用"；许次纾《茶疏》说"纯白为佳"。发生这一重大变化的基本原因，在于饮茶方式的改变。明代饼茶已不时兴，散茶流行，人们普遍饮用的是与现代炒青绿茶相似的芽茶。与散茶的普及相联系，茶之饮法也由煮饮改为冲泡（直至今日，饮茶之法仍沿袭明人所开的格局）。绿色的茶汤，以白瓷衬之，更显得清新雅致，赏心悦目。这就不难理解明清时代的青花、斗彩、粉彩等茶具，为何均以白色为主调了。到了后来，白瓷发展至"薄如纸，白如玉，声如磬，明如镜"的程度，成为十分精美的艺术品。

明清茶具最为后人所称道的，除了白瓷，就是江苏宜兴的紫砂陶壶、陶盏的创制和普及了。明代宜兴紫砂茶壶，造型精巧典雅，工艺独具匠心，一些制壶名师的作品更是珍奇瑰宝。

根据各大师的工艺特点，即以其作者名其壶，如明正德、嘉靖年间的供春壶（供春）、万历间的大彬壶（时大彬）。清代宜兴紫砂壶制作仍兴盛不衰，亦多名师，如嘉庆、道光年间的陈鸿寿（字曼生），所制茶壶名曼生壶。

据说用宜兴紫砂壶泡茶，虽在盛夏，也隔夜不馊。使用经年的紫砂茶壶，偶尔注入白开水，饮来亦有茶香余韵，且壶体小而壁厚，保温性能好，有助于瀹发与保持茶香，加之其陶色典雅古朴，造型朴拙，故而备受品茗者垂青。紫砂茶具的应运而生，风行天下，也与明代散茶兴起密切相关。

茶具的发展，显示出古朴、富丽、淡雅三种不同时代的审美趣味。这一轨迹，与茶自身的发展，饮茶方法的演变，也是同步合拍的。

第二节　琳琅满目——茶具的种类

我国古代的茶具，亦称茶器或茗器，它的概念范围较大，如陆羽在《茶经》中描述的有"籝、灶、釜、甑、规、承"等十几种。

在各种古籍中可以见到的茶具有茶鼎、茶瓯、茶磨、茶碾、茶臼、茶

---

① 文震亨. 长物志［M］. 苏州：苏州古吴轩出版社，2021.

柜、茶榨、茶槽、茶筅、茶笼、茶筐、茶板、茶挟、茶罗、茶囊、茶瓢、茶匙……有多少种茶具呢？据《云溪友议》说："陆羽造茶具二十四事。"如果按照唐代文学家所著的《茶具十咏》和《云溪友议》之言，古代茶具至少有24种。这段史料所记载的"茶具"概念与今是有很大不同的。

我国的茶具种类繁多，造型优美，既有实用价值，又富艺术价值，为历代饮茶爱好者所收藏和青睐。具有代表性的有陶土茶具（紫砂）、瓷器茶具（白瓷、青瓷）、玻璃茶具、金属茶具、竹木茶具等。

一、陶土茶具（紫砂）

陶土茶具是用黏土烧制的饮茶用具，还可再分为泥质和夹砂两大类。由于黏土所含各种金属氧化物的百分比不同，以及烧制环境与条件的差异，可呈红、褐、黑、白、灰、青、黄等不同颜色。陶器成型，最早用捏塑法，再用泥条盘筑法，特殊器形用模制法，后用轮制成型法。7000年前的新石器时代已有陶器，但烧制温度只有600℃~800℃，陶质粗糙松散。

公元前3000年至公元前1世纪，人们烧制陶器的温度已达1000℃，并生产出有图案花纹装饰的彩陶。商代，开始出现胎质较细洁、烧制温度达1100℃的印纹硬陶。战国时期盛行彩绘陶，汉代创制铅釉陶，为唐代唐三彩的制作工艺打下了基础。西晋杜育在《荈赋》中写道："器择陶拣、出自东瓯"，首次记载了陶茶具。至唐代，经陆羽倡导，茶具逐渐从酒食具中完全分离，形成独立系统。

《茶经》中所记载的陶茶具有熟盂等，在北宋时，江苏宜兴采用紫泥烧制成紫砂陶器，使陶茶具的发展走向高峰，成为中国茶具的主要品种之一。除江苏宜兴外，浙江的嵊州、长兴，河北的唐山等均盛产陶茶具。

陶器中的佼佼者为宜兴紫砂茶具，早在北宋初期就已经成为独树一帜的优秀茶具，明代大为流行。紫砂壶和一般陶器不同，其里外都不敷釉，采用当地的紫泥、红泥、团山泥烧制而成。由于成陶火温较高，烧结密致，胎质细腻，既不渗漏，又有肉眼看不见的气孔，经久使用，还能吸附茶汁，蕴蓄茶味，且传热不快，不致烫手。若热天盛茶，不易酸馊，即使冷热剧变，也不会破裂，如有必要，甚至还可直接放在炉灶上煨炖。

紫砂茶具造型简练大方，色调淳朴古雅，外形似竹节、莲藕、松段和仿商周古铜器。《桃溪客语》说："阳羡瓷壶自明季始盛，上者与金玉等价。"可见其名贵。明文震亨《长物志》记载："壶以砂者为上，盖既不夺香，又无熟汤气。"

图7-1　紫砂壶

明代嘉靖、万历年间，先后出现了两位卓越的紫砂工艺大师：供春和他的徒弟时大彬。

供春幼年曾为进士吴颐山的书童，他天资聪慧、虚心好学，随主人陪读于宜兴金沙寺，帮寺里老和尚抟坯制壶。传说寺院里有银杏参天，盘根错节，树瘤多姿。他朝夕观赏，乃模拟树瘤，捏制树瘤壶，造型独特，生动异常，老和尚见了拍案叫绝，便把平生制壶技艺倾囊相授，使他最终成为著名制壶大师。供春的制品被称为"供春壶"，造型新颖精巧，质地薄而坚实，被誉为"供春之壶，胜于金玉"[1]，"栗色暗暗，如古金石，敦庞周正，允称神明"[2]。

时大彬的作品，突破了师父传授的格局而多做小壶，点缀在精舍几案之上，更加符合饮品茗的趣味。因此，当时就有十分推崇的诗句，"千奇

---

① 具体内容参见周澍《台阳者咏》。

② 具体内容参见吴梅鼎《阳羡茗壶赋》序。

万状信手出""宫中艳说大彬壶"。

清代紫砂茶具,在前人的基础上更有发展,其中以清初陈鸣远和嘉庆年间杨彭年制作的茶壶尤其驰名于世。陈鸣远制作的茶壶,线条清晰,轮廓明显,壶盖有行书"鸣远"印章,至今被视为珍藏。杨彭年的制品,雅致玲珑,不用模子,随手捏成,天衣无缝,被人推为"当世杰作"。当时江苏溧阳知县陈曼生,癖好茶壶,工于诗文、书画、篆刻,特意到宜兴和杨彭年配合制壶。陈曼生设计,杨彭年制作,再由陈氏镌刻书画,其作品世称"曼生壶",一直为鉴赏家们所珍藏。

清代宜兴紫砂壶壶形和装饰变化多端、千姿百态,在国内外均受欢迎。当时我国闽南、潮州一带煮泡工夫茶使用的小茶壶,几乎全为宜兴紫砂器具。

17世纪,中国的茶叶和紫砂壶同时由海船传到西方,西方人称之为"红色瓷器"。早在15世纪,日本人来到中国学会了制壶技术,他们所仿制的壶,至今仍被日本人民视为珍品。

紫砂茶具在现代有了更大发展,新品种不断涌现,如专为日本消费者设计的艺术茶具,称"横把壶",按照日本人的爱好,在壶面上倒写书法精美的佛经文字,成为日本消费者的品茗佳具。目前,紫砂茶具品种已由原来的四五十种增加到六百多种。例如,紫砂双层保温杯就是深受大众欢迎的新产品。

由于紫砂泥质地细腻柔韧,可塑性强,渗透性好,所以烧成的双层保温杯,用以泡茶,具有色香味皆蕴的特点,夏天不易变馊。这种杯容量为250毫升,因是双层结构,开水入杯不烫手,传热慢,保温时间长。其造型多种多样,有瓜轮形的,蝶纹形的,还有梅花形、鹅蛋形、流线形等。艺人们采用传统的篆刻手法,把绘画和楷、草、隶、篆各种装饰书法施用在紫砂陶器上,使之成为观赏和实用巧妙结合的产品。

鉴赏一套茶具的好坏，首先应考虑它的实用价值。一套茶具的容积和重量的比例必须恰当，壶把提用方便，壶盖周围合缝，壶嘴出水流畅，色地和图案脱俗和谐，整套茶具的美观和实用得到融合，才能算是一套完美的茶具。

二、瓷器茶具

宋代以来，陶瓷茶具逐渐代替古老的金、银、玉制茶具，原因主要是唐宋时期，整个社会兴起一股不重金玉的风气。陶瓷茶具既能盛茶又能保持香气，所以容易推广，又受大众喜爱。这种从金属到陶瓷茶具的变化，也从侧面反映出唐宋以来人们的文化观、价值观，以及对生活用品实用性的取向有了转折性的改变。从很大程度上说，这是唐宋文化进步的象征。陶瓷茶具明显取代过去的金属、玉制茶具，这还与唐宋陶瓷工艺生产的发展直接有关。一般来说，瓷器生产自我国魏晋南北朝时期开始出现飞跃发展，隋唐后进入一个繁荣阶段。如唐代的瓷器已达到圆滑轻薄的地步，唐代皮日休说道："邢客与越人，皆能造瓷器，圆似月魂堕，轻如云魄起。"当时的"越人"多指浙江东部地区居民，越人造的瓷器形如圆月，轻如浮云。因此还有"金陵碗，越瓷"的美誉。王蜀写诗说："金陵含宝碗之光，秘色抱青瓷之响。"

宋代的制瓷工艺技术更是独具风格，名窑辈出，如"定州白窑"，宋世宗时有"柴窑"。据说"柴窑"出的瓷器"颜色如天，其声如磬，精妙至级"①。北宋政和年间，京都"自置窑"烧造瓷器，名为"官窑"。北宋南渡后，有邵成章设后苑，名为"邵局"，并仿北宋遗法，置窑于修内司，名为"内窑"。内窑瓷器"油色莹彻，为世所珍"。

宋大观年间，景德镇陶器色变如丹砂（红色），也是为了上贡的需

---

① 潘永因.宋稗类钞［M］.北京：书目文献出版社，1985.

要。大观年间，朝廷贡瓷要求"端正合制，莹无瑕疵，色泽如一"[①]。宋朝廷命汝州造"青窑器"，其器用玛瑙细末为釉，更是色泽洁莹。当时只有御贡宫廷剩下来一点青窑器方可出卖，"世尤难得"。汝窑被视为宋代瓷窑之魁，茶盏、茶罍（茶瓶）价格昂贵到了"鬻（卖）诸富室，价与金玉等（同）"[②]，世人争为收藏。

瓷器茶具的品种很多，其中主要的有白瓷茶具、青瓷茶具、黑瓷茶具和彩瓷茶具。这些茶具在中国茶文化发展史上，都曾有过辉煌的一页。

（一）白瓷茶具

白瓷早在唐代就有"假白玉"之称。白瓷茶具具有坯质致密透明，上釉、成陶火度高，无吸水性，音清而韵长的特点。因色泽洁白，能反映出茶汤色泽，传热、保温性能适中，加之色彩缤纷，造型各异，堪称饮茶器皿之珍品。

唐代饮茶之风大盛，促进了茶具生产的发展，全国有许多地方的瓷业都很兴旺，形成了一批以生产茶具为主的著名窑场。各窑场争美斗奇，相互竞争。据《唐国史补》载，河南巩县（今河南巩义市）瓷窑在烧制茶具的同时，还塑造了"茶圣"陆羽的瓷像，客商每购茶具若干件，即赠送一座瓷像，以招揽生意。河北邢窑生产的白瓷器具已"天下无贵贱通用之"。其他如浙江余姚的越窑、湖南的长沙窑、四川大邑窑，

图7-2　白瓷

---

① 潘永因.宋稗类钞［M］.北京：书目文献出版社，1985.

② 潘永因.宋稗类钞［M］.北京：书目文献出版社，1985.

也都产白瓷茶具。其中，以江西景德镇出产的最为著名。北宋时，景德镇生产的瓷器质薄光润、白里泛青、雅致悦目，并有影青刻花、印花和褐色点彩装饰。

在元代，江西景德镇白瓷茶具已远销国外。如今，白瓷茶具更是面目一新，这种白釉茶具，适合冲泡各类茶叶。加之白瓷茶具造型精巧、装饰典雅，其外壁多绘有山川河流、四季花草、飞禽走兽、人物故事，或缀以名人书法，又颇具艺术欣赏价值，所以使用最为普遍。

除了江西景德镇，如湖南醴陵、河北唐山、安徽祁门等的白瓷茶具也各具特色。此外，传统的"广彩"茶具也很有特色，其构图花饰严谨，闪烁有光，人物古雅有致，加上施金加彩，宛如千丝万缕的金丝彩线交织于锦缎之上，显示出金碧辉煌、雍容华贵的气派。

（二）青瓷茶具

青瓷茶具从晋代开始发展，那时青瓷的主要产地在浙江，最流行的是一种叫"鸡头流子"的有嘴茶壶。六朝以后，许多青瓷茶具拥有莲花纹饰。唐代的茶壶又称"茶注"，壶嘴称"流子"，形式短小，取代了晋时的"鸡头流子"。相传唐时西川节度使崔宁的女儿发明了一种茶碗的碗托，她用蜡做成圈，以固定茶碗在盘中的位置。后演变为瓷质茶托，这就是后来常见的茶托，现代称为"茶船子"。其实，早在《周礼》中就把盛放杯樽之类的碟子叫作"舟"，可见"舟船"之称远古已有。

我国早在东汉年间，已开始生产色泽纯正、透明发光的青瓷。晋代浙江的越窑、婺窑、瓯窑已具相当规模。在宋代，浙江龙泉的青瓷茶具已达到鼎盛时期，远销各地。在明代，青瓷茶具更以其质地细腻、造型端庄、釉色青莹、纹样雅丽而蜚声中外。宋代饮茶，盛行茶盏，使用盏托也更为普遍。茶盏又称茶盅，实际上是一种小型茶碗，它有利于挥发和保持茶叶的香气滋味，这一点很符合科学道理。茶杯过大，不仅香味易散，且注入开水多，载热量大，容易烫熟茶叶，使茶汤失去鲜爽味。由于宋代瓷窑的竞争和技术的提高，使得茶具种类增加，出产的茶盏、茶壶、茶杯等品种繁多，式样各异，色彩雅丽，风格大不相同。

图7-3 青瓷

16世纪末，龙泉青瓷出口法国，轰动整个法兰西，人们用当时风靡欧洲的名剧《牧羊女》中的女主角雪拉同的美丽青袍与之相比，称龙泉青瓷为"雪拉同"，视为稀世珍品。当时，浙江龙泉哥窑生产各类青瓷器，包括茶壶、茶碗、茶盏、茶杯、茶盘等，瓯江两岸盛况空前，群窑林立，烟火相望，运输船舶往返如梭，一派繁荣景象。

在当代，青瓷茶具又有新的发展，不断有新产品问世。这种茶具除具有瓷器茶具的众多优点外，因色泽青翠，用来冲泡绿茶，更有益于汤色之美。不过，用它来冲泡红茶、白茶、黄茶、黑茶，则易使茶汤看起来失去了本来面目，似有不足之处。

（三）黑瓷茶具

黑瓷茶具，始于晚唐，鼎盛于宋，延续于元，衰微于明、清。宋代福建斗茶之风盛行，斗茶者们根据经验认为建安窑所产的黑瓷茶盏用来斗茶最为适宜，因而驰名。宋人衡量斗茶的效果，一看茶面汤花色泽和均匀度，以"鲜白"为先；二看汤花与茶盏相接处水痕的有无和出现的迟早，以"盏无水痕"为上。时任三司使给事中的蔡襄，在他的《茶录》中就说

得很明白："视其面色鲜白，着盏无水痕为绝佳；建安斗试，以水痕先者为
负，耐久者为胜。"而黑瓷茶具，正如宋代祝穆在《方舆胜览》中说的"茶
色白，入黑盏，其痕易验"。所以，宋代的黑瓷茶盏，成了瓷器茶具中的
最大品种。

黑瓷茶盏风格独特、古
朴雅致，而且瓷质厚重，保温
性能较好，故为斗茶行家所珍
爱。其他瓷窑也竞相仿制，如
四川省博物馆藏有一个黑瓷兔
毫茶盏，就是四川广元窑所烧
制的，其造型、瓷质、釉色和
兔毫纹与建瓷不差分毫，几可
乱真。

图7-4　黑瓷

浙江余姚、德清一带也曾出产过漆黑光亮、美观实用的黑釉瓷茶具，
最流行的是一种鸡头壶，即茶壶的嘴呈鸡头状。日本东京国立博物馆至今
还存有一件，名叫"天鸡壶"，被视作珍宝。

福建建窑、江西吉州窑、山西榆次窑等，都大量生产黑瓷茶具，成为
黑瓷茶具的主要产地。黑瓷茶具的窑场中，建窑生产的"建盏"最为人称
道。蔡襄《茶录》中这样说："建安所造者……最为要用。出他处者，或薄
或色紫，皆不及也。"建盏配方独特，在烧制过程中使釉面呈现兔毫条纹、
鹧鸪斑点、日曜斑点，一旦茶汤入盏，能放射出五彩纷呈的点点光辉，增
加了斗茶的情趣。明代开始，由于"烹点"之法与宋代不同，黑瓷建盏
"似不宜用"，仅作为"以备一种"而已。

（四）彩瓷茶具

彩色茶具的品种花色很多，其中尤以青花瓷茶具最引人注目。青花瓷茶具，其实是指以氧化钴为呈色剂，在瓷胎上直接描绘图案纹饰，再涂上一层透明釉，而后在窑内经1300℃左右高温还原烧制而成的器具。然而，对"青花"色泽中"青"的理解，古今亦有所不同。古人将黑、蓝、青、绿等诸色统称为"青"，故"青花"的含义比今人要广。它的特点是，花纹蓝白相映成趣，有赏心悦目之感；色彩淡雅可人，有华而不艳之力。加之彩料之上涂釉，显得滋润明亮，更平添了青花瓷茶具的魅力。

图7-5 彩瓷

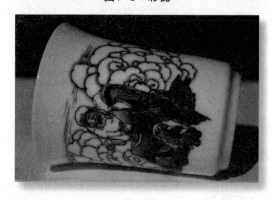

图7-6 青花瓷

直到元代中后期，青花瓷茶具才开始成批生产，特别是景德镇，成了我国青花瓷茶具的主要生产地。由于青花瓷茶具绘画工艺水平高，特别是将中国传统绘画技巧运用在瓷器上，因此这也可以说是元代绘画的一大成就。

元代以后除景德镇生产青花瓷茶具外，云南的玉溪、建水，浙江的江山等地也有少量青花瓷茶具生产，但无论是釉色、胎质，还是纹饰、画技，都不能与同时期景德镇生产的青花瓷茶具相比。明代，景德镇生产的青花瓷茶具，诸如茶壶、茶盅、茶盏，花色品种越来越多，质量越来精，器形、造型、纹饰等都冠绝全国，成为其他生产青花瓷茶具窑场模仿的对象。清代，特别是康熙、雍正、乾隆时期，青花瓷茶具在古陶瓷发展史上，又进入了一个历史高峰，它超越前朝，影响后代，康熙年间烧制的青花瓷器具，更是史称"清代之最"。

除上例之外，宋代还有不少民窑，如乌泥窑、余杭窑、续窑等生产的瓷器也非常精美可观。一言以蔽之，唐宋陶瓷工艺的兴起是唐宋茶具改进与发展的根本原因。

三、玉石茶具类

玉石是自然界中颜色美观、质地细腻坚韧、光泽柔润的矿物集合体，由单一矿物或多种矿物组成的岩石，如绿松石、芙蓉石、青金石、欧泊、玛瑙、石英岩等。狭义专指硬玉（翡翠）和软玉（如和田玉、南阳玉等），或简称玉。中国是世界上用玉最早的国家，已有七千多年的历史。中国古人视玉为圣洁之物，认为玉是光荣和幸福的化身，是权力、地位、吉祥、刚毅和仁慈的象征。一些外国学者也把玉称为中国的"国石"。

玉石的形成条件是极其特殊复杂的。它们大多来自地下几十千米深处高温熔化的岩浆，这些高温浆体从地下沿着裂缝涌到地球表面，冷却后成为坚硬的石头，在此过程中，只有某些物质缓慢地结晶成坚硬的玉石或宝石，且它们的形成时间距今非常遥远。

中国最著名的玉石是新疆和田玉，它和河南独山玉、辽宁岫岩玉、湖北绿松石合称"中国四大玉石"。

距今约八千年，即新石器时代早期，是全世界目前为止所知道的最早使用玉器的时间。传说远古时代黄帝分封诸侯的时候，就以玉作为他们享有权力的标志，以后，许多帝王的"传国玺"也都是玉做的。商朝就已经使用墨玉牙璋传达来自国王的命令，在有文字记载的周朝已开始用玉作工具。

宋元以后，社会上出现的规模可观的玉雕市场和官办玉肆，开后代世俗陈设赏玩玉之先。明清时期，玉雕艺术走向了新的高峰，玉器遍及生活的方方面面。工艺性、装饰性大增，玉雕小至寸许，大至万斤。鬼斧神工的琢玉技巧发挥到极致，山水林壑集于一处，且利用玉皮俏色巧琢，匠心独运，集历代玉雕之大成。

明朝万历年间，神宗皇帝来到梵净山后，把玉石雕刻成佛像，供奉在皇宫，并制作成茶具、酒具，奖赏给有功的大臣。

玉石是一种纯天然的环保材质，自古以来都是高档茶具的首选材料。玉石茶具一般都精雕细琢，赋石头以灵性，与茶并容，每一款茶具都独具匠心，美观大方，极富个性。石质茶盘具有遇冷遇热不干裂、不变形、不褪色、不吸色、不粘茶垢、易清洗等优点，正是茗茶润玉，可传世收藏。

图7-7 玉石茶盘

玉石之美在于它的细腻、温润、含蓄幽雅。玉的颜色有草绿、葱绿、墨绿、灰白、乳白等色，色调深沉柔和，配以香茗，形成一种特有的温润光滑的色彩。

玉石富含人体所需的钠、钙、锌等三十余种微量元素，用玉石制成茶具来饮茶，对人体具有一定的保健美容作用。同时，它具有超凡脱俗、催人振奋之灵气。

四、漆器茶具类

漆器艺术原是中华民族传统文化的瑰宝之一，在上古黄河、长江流域早已盛行，有春秋、战国和汉代古墓葬出土的大量精美的漆器为证。生漆的产地，多在川黔一带，东南滨海的福建原非漆器的主要产地，只是到了近代，福州忽以独特的脱胎漆器工艺，异军突起，与北京的景泰蓝、江西的景德镇瓷器并誉为中国传统工艺美术的"三宝"。漆器茶具是我国先人的发明之一，制作方法是割取天然漆树汁液，经炼制得到所需色料，制成色彩夺目的器件。

图7-8　漆器茶具

在距今约七千年前的浙江余姚河姆渡文化中，就有可用来作为饮器的木胎漆碗。尽管如此，作为供饮食用的漆器，包括漆器茶具在内，在很长的历史发展时期，一直未曾形成生产规模。特别自秦汉以后，有关漆器的文字记载不多，存世之物更属难觅。这种局面，直到清代才出现转机，由福建福州制作的脱胎漆器茶具逐渐引起了时人的注目。

漆器茶具较有名的有北京雕漆茶具、福州脱胎茶具以及江西鄱阳等地生产的脱胎漆器等，均具有独特的艺术魅力。其中，福建生产的漆器茶具尤为多姿多彩，如"宝砂闪光""金丝玛琉""仿古瓷""雕填"等，均为脱胎漆器茶具，它轻巧美观，色泽光亮，具有耐温、耐酸的特点，这种茶具具有艺术品的功用。

五、竹木茶具类

在历史上，广大农村包括茶区，很多人使用竹或木碗泡茶。竹木茶具价廉物美，经济实惠，但现代已很少使用。在我国南方，如海南等地有用椰壳制作的壶、碗来泡茶，经济实用又具有艺术性。用木罐、竹罐装茶，仍随处可见。特别是福建省武夷山等地的乌龙茶木盒，在盒上绘制山水图案，制作精细，别具一格。作为艺术品的黄阳木罐、二黄竹片茶罐，也是馈赠亲友的珍品，且有实用价值。

隋唐以前，我国饮茶虽渐次推广开来，但属粗放饮茶。当时的饮茶器具，除陶瓷器外，民间多用竹木制作而成。陆羽在《茶经·四之器》中开列的二十余种茶具，多数是用竹木制作的。这种茶具，来源广，制作方便，对茶无污染，对人体也无害。

因此，自古至今，竹木茶具一直受到茶人的欢迎。但其缺点就是不能长时间使用，无法长久保存，时间久则会失去其文物价值。只是到了清代，在四川出现了一种竹编茶具，它既是一种工艺品，又富有实用价值，主要品种有茶杯、茶盅、茶托、茶壶、茶盘等，多为成套制作。竹编茶具由内胎和外套组成，内胎多为陶瓷类饮茶器具，外套精选慈竹，经劈、启、揉、匀等多道工序，制成粗细如发的柔软竹丝，经烤色、染色，再按茶具内胎形状，大小编织嵌合，使之成为整体如一的茶具。

图7-9 竹木茶具

这种茶具，不但色调和谐，美观大方，而且能保护内胎，减少损坏；同时，泡茶后不易烫手，并具有艺术欣赏价值。因此，多数人购置竹编茶具，不在其用，而重在摆设和收藏。

六、金银茶具类

金银茶具属于金属茶具的一种。金属茶具是指由金、银、铜、铁、锡等金属材料制作而成的器具。金属茶具因造价昂贵，一般百姓无法使用。它是中国最古老的日用器具之一，早在公元前18世纪至公元前221年秦始皇统一中国之前的1500年间，青铜器就得到了广泛的应用。先人用青铜制作盘盛水，制作爵、樽盛酒，这些青铜器皿自然也可用来盛茶。

自秦汉至六朝，茶叶作为饮品已渐成风尚，茶具也逐渐从与其他饮具共用中分离出来。大约到南北朝时，中国出现了包括饮茶器皿在内的金银器具。

到了隋唐，金银器具的制作达到高峰。

20世纪80年代中期，陕西扶风法门寺出土的一套由唐僖宗供奉的鎏金茶具，可谓是金属茶具中的稀世珍宝。

这套茶具是大唐皇帝在六迎佛骨时，奉献给法门寺佛祖的、价值无与伦比的宫廷系列茶具，是迄今为止世界上发现最早、最完整、最精美华贵的茶具。这套茶具包括金、银、玻璃、秘色瓷等烹茶、饮茶器物，形式设计丰富多彩，构思巧妙，形象、生动地为我们展现了千余年前辉煌灿烂的工艺美术成就。如盛茶饼用的金银丝条笼子，呈筒状，带盖，通体用金丝、银丝编结而成，盖顶有塔状装饰，盖面与盖沿有金丝盘成的小珠圈，精妙异常。又如，鎏金银盐台，本是盛盐的平常之物，但这里的盖、台盘、三足设计为平展的莲叶、莲蓬，似见花枝摇曳，花蕾含苞待放，真乃独具匠心之作。由此可见，茶文化在唐代帝王心目中是何等的神奇而伟大，对茶事是何等投入。

图7-10　金属茶具

宋人使用的茶具以金银为上品，并视之为身份和财富的象征。蔡襄在其《茶录·论茶器》中，具体记载当时流行的斗茶用具"茶椎、茶钤、茶匙、汤瓶"等均以黄金为上，次一些则"以银铁或瓷石为之"。

宋代银制茶具继承发扬了唐代金银器模压、锤压、錾刻、焊接、鎏金等传统工艺，在其基础上创造了立体装饰、浮雕凸花和镂刻工艺，充分显示出宋代金银工艺制作的高水平。

与唐代相比，宋人，尤其是官宦、富贵人家更重视茶具的质地和工艺。金银茶具受到社会上层人士的普遍欢迎，富丽工巧的金银茶具成为文人骚客吟咏的对象。如范仲淹说："黄金碾畔绿尘飞，紫玉瓯心雪涛起。"陆游说："银瓶铜碾俱官样，恨欠纤纤为捧瓯。"诗中"黄金碾""银瓶""铜碾"是指碾茶和注汤所用的银制茶具。

当时，在长沙出现了一批以冶制金属器具为业的匠人，能制造"甲天下"的长沙金属茶具。据史载，这些茶器每副用白金三百星或五百星，外面用大银盒包装，精美异常。衡山人赵葵，在潭州曾经用黄金千两铸造了一套茶器，进献给宋理宗，理宗非常高兴。茶器制作水平很高，连皇宫内的工匠都"所不能为"，故称"长沙茶器，精妙甲天下"。宋人编纂的《清波杂志》也载："长沙匠者造茶器，极精致。其工直之厚，等所用白金之数，士大夫家多有之。"

宋徽宗在《大观茶论》中也极力推崇金银茶具，在全国各地的宋代达官贵人墓葬中不乏用金银茶具作为随葬品的例子。如四川德阳、崇庆、彭州，江西乐安，福建邵武故县，江苏溧阳平桥等地出土宋代银器官藏，以及江苏江浦黄悦岭南宋墓、江苏吴县（今吴中区和相城区）藏书公社北宋墓、福州茶园山南宋许峻墓、福建邵武市黄涣墓均有金银制作茶具出土。其中，尤其是出土于四川彭州的宋代金银器窖藏，以及福建邵武故县、神话茶园等地的金银器茶具，构思新奇，工艺精美，令人赞叹不已。

至于金属作为泡茶用具，一般行家评价并不高，如明朝张谦德所著《茶经》，就把瓷茶壶列为上等，金、银壶列为次等，而铜、锡壶则属下等，为斗茶行家所不屑采用。到了现代，金属茶具已基本上销声匿迹。

七、锡茶具类

锡工艺品在我国已有两千多年历史。锡具有质地柔软、可塑性较大的特点，是排在白金、黄金、银后面的第四种稀有金属。锡茶具富有光泽、无毒、不易氧化，并有很好的杀毒、净化、防潮、防紫外线、保鲜等效果，经过熔化、压片、裁料、造型、刮光、装接、擦亮、装饰雕刻等复杂工序制成。锡的理化性能稳定，用锡做储茶的茶器，具有很多的优点。锡工艺茶叶罐具有耐碱、无毒无味、不生锈等特点，不仅外观精美，而且非

常实用。锡罐储茶器多制成小口长颈，其盖为圆桶状，密封性较好。

目前，人们收藏的锡茶具大多产于明代。当时，制锡工匠受紫砂制作工艺的启发，制作出了观赏性极强、适合把玩的仿紫砂锡器。至此，历史上以把玩为目的的文人锡器诞生了。仿紫砂锡器刚一面市，就引起了文人雅士的浓厚兴趣，一批制作精良的锡器，作为独特艺术品被迅速推向市场后，不仅使锡器一举跻身珍品雅玩的行列，也使锡器制作名家辈出。

明代万历年间，苏州人赵良璧制的锡器仿时大彬的紫砂式样，开一代新风，同时他也成为仿紫砂文人锡壶制作第一人。艺人们不惜工本，精心钻研，制作出了许多美轮美奂的文人锡器，造就了锡制作工艺的第一个高峰。明代宣德年间，苏州有个叫朱端的匠人，以锡制作各种器皿，造型奇古，其价值甚至超过商、周时期留传下来的青铜器。

清代中期制锡工艺发展到了顶峰，涌现出了不少具有高度艺术修养的锡器工艺大师。沈存周、卢葵生、朱石梅在制作工艺、材料、装饰等方面都有新的突破，制作出了一批独具创新意味的锡器精品，把锡器推向了一个新的鼎盛时期。由于白锡耐酸耐碱，受潮氧化又会生成一种极薄的氧化膜而阻止其进一步氧化，过冷又会转为粉末状的灰锡，因此，除东北、华北北部、西部高原等少数极其寒冷的地域外，中国的城市与乡村，到处都有锡器的踪影。就在这时，民间的日用锡器进一步普及，锡器与人们生活息息相关。按这一时期留传至今的锡器分类，有礼器、饮具、食具、灯烛具、烟具、熏具、文具等，其中又以饮具最为常见，而饮具中又以锡壶为多。

从宋代开始，古人对金属茶具褒贬不一。元代以后，特别是从明代开始，随着茶类的创新、饮茶方法的改变以及陶瓷茶具的兴起，金属茶具逐渐消失。尤其是用锡、铁、铅等金属制作的茶具，用它们来煮水泡茶，被认为会使"茶味走样"，因此很少有人使用。然而，用金属制成的储茶器具，如锡瓶、锡罐等，却屡见不鲜。这是因为金属储茶器具的密闭性要比纸、竹、木、瓷、陶等好，具有较好的防潮、避光性能，更有利于散茶的保存。因此，用锡制作的储茶器具至今仍流行于世。

锡器的工艺多由其纯度决定，97%及以下的锡器质地坚硬，适于机械加工，加工出来的锡器往往浑然一体，浮雕效果明显，但其密封性不是最好，因此茶叶罐一般都采用内外两层设计。99.9%的锡器质地较软，手工特点浓厚，一件作品多为几部分合成，能够表现出高级的雕刻和镂空工艺，高纯锡密封性很好，茶叶罐使用一个外盖即可达到效果。

八、铜茶具类

中国古代铜器是我们的祖先对人类物质文明的巨大贡献，虽然从目前的考古资料来看，我国铜器的出现晚于世界上其他一些地方，但是就铜器的使用规模、铸造工艺、造型艺术及品种而言，世界上没有一个地方的铜器可以与中国古代铜器相比拟。这也是中国古代铜器在世界艺术上占有独特地位并引起普遍重视的原因之一。

唐宋以来，铜和陶瓷茶具逐渐代替古老的金、银、玉制茶具，而据《宋稗类钞》说："唐宋间，不贵金玉而贵铜磁（瓷）。"铜茶具相对金玉来说，价格更便宜，煮水性能好。

中国的铜茶具，最普遍的是铜煮壶。铜煮壶是茶具的组成部分，专门用来煮沏茶。最早的专门煮茶器由盛水的锅与烧火的架子组成。宋承唐制，茶具的整体变化不大，但为适应"斗茶"，煮水用具改用铫，有柄有嘴。

中国的茶具，在明清时到了登峰造极的地步。明太祖朱元璋于洪武二年（1369）在江西景德镇设立工场，专造皇室茶具。明清时期所指的茶具，主要指沏茶器与茗茶具，而煮水器则大多采用铜质器具，这是因为铜具有传热快、耐用且不易损坏等特点。到了明末清初，铜水壶几乎一统天下，不论是茶馆，还是居家，都使用铜水壶，俗称"铜吊"。至今，人们还将铜吊泛指一切烧水壶。

作为古玩收藏的铜煮壶，并非家用铜吊，而是文人雅士老茶客用来沏茶烧水的铜壶，通常它们都较为讲究，有紫铜、黄铜与白铜，体积都不大，而且大多配有烧火的架子。这些铜煮壶，不仅造型小巧玲珑别致，甚至镂花刻字，很有书卷气，年代大多在清末至民国。还有一种铜煮壶，将壶与盖子融为一体，外壳呈方柜形，上面为壶，下面是烧木的炉膛，古色古香令人喜爱。

图7-11　铜茶具

关于铜茶具，还有一段佳话。1974年，赞比亚总统肯尼思·戴维·卡翁达（Kenneth David Kaunda）会见毛泽东时送了一套铜茶具给毛泽东，赞比亚素以"铜矿之国"著称，它的铜器闻名遐迩。会见时，毛泽东与卡翁达总统谈到了"三个世界"的理论，令卡翁达觉得耳目一新。谈累了，总统取出铜茶具说："喝口水吧。"毛泽东哈哈一笑，说："我用不惯铜茶杯。"接着毛主席取出一只制作精细的景德镇瓷杯，总统看了赞不绝口。毛主席风趣地说："我的虽好，但一摔就碎，你的虽然沉，耐摔。咱们是各有千秋！"

九、玻璃茶具类

玻璃，古人称之为琉璃，实是一种有色半透明的矿物质。用这种材料制成的茶具，能给人以色泽鲜艳，光彩照人之感。

我国的琉璃制作技术虽然起步较早，但直到唐代，随着中外文化交流的增多，西方琉璃器的不断传入，我国才开始烧制琉璃茶具。陕西扶风法门寺地宫出土的由唐僖宗供奉的素面圈足淡黄色琉璃茶盏和玻璃茶具素面淡黄色琉璃茶托，是地道的中国琉璃茶具。虽然造型原始，装饰简朴，质地显浑，透明度低，但这表明我国的琉璃茶具唐代已经起步，在当时堪称珍贵之物。

玻璃茶具一般是用含石英的沙子、石灰石、纯碱等原料混合后，在高温下熔化、造型，再经冷却制成。玻璃茶具有很多种，如水晶玻璃、无色玻璃、玉色玻璃、金星玻璃、乳浊玻璃等。此外，玻璃还可制成各种其他盛具，如酒具、碗、碟、杯、缸等，多为无色，也有使用有色玻璃或套色玻璃的。

唐代元稹曾写诗赞誉琉璃，说它是"有色同寒冰，无物隔纤尘。象筵看不见，堪将对玉人。"难怪唐代在供奉法

图7-12　玻璃茶具

门寺塔佛骨舍利时，也将玻璃茶具列入供奉之物。宋时，我国独特的高铅玻璃器具相继问世。元、明时，规模较大的琉璃作坊在山东、新疆等地出现。清康熙时，在北京还开设了宫廷玻璃厂。只是自宋至清，虽有玻璃器件生产，且身价名贵，但多以生产玻璃艺术品为主，只有少量茶具制品，

始终没有形成玻璃茶具的规模生产。

在现代，玻璃器皿有较大的发展。玻璃质地透明，光泽夺目，外形可塑性大，形态各异，用途广泛。玻璃杯泡茶，茶汤的鲜艳色泽，茶叶的细嫩柔软，茶叶在整个冲泡过程中的上下蹿动，叶片的逐渐舒展，等等，可以一览无余，可说是一种动态的艺术欣赏。特别是冲泡各种名茶，茶具晶莹剔透，杯中轻雾缥缈，澄清碧绿，芽叶朵朵，亭亭玉白，观之赏心悦目，别有风趣。而且玻璃杯价廉物美，深受广大消费者的欢迎。玻璃器具的缺点是容易破碎，比陶瓷烫手。不过，也有一些经特殊加工的钢化玻璃制品，其牢固度较好，通常在火车上和餐饮业中使用。

玻璃茶具主要适用于花草茶、红茶、绿茶、普洱茶、水果茶、养生茶及工艺花茶等系列，并且有较高的观赏性、趣味性。

玻璃茶具表面看来都是很通透的，不过内在还是存在很大的差别。一般正品茶具，玻璃厚度均匀，阳光照射下非常通透，而且敲击之下声音很脆，大都经过抗热处理，不会出现炸裂的情况。但是，个别玻璃茶具虽然价格相对便宜，不过敲击声音有些发闷，而且色泽相对有些混浊，抗热性能一般。尤其是用于煮花草茶的玻璃茶壶，如果抗热性差，危险性就大了。

第三节　因材选器——泡茶用具的选择

选配茶具时，除了看它的使用性能，茶具的艺术性、制作工艺的精细程度，也是人们选择的重要标准。对收藏家而言，他们对茶具艺术性的追求往往胜过对茶具实用性的要求。这时，可以依照宾客的要求进行茶室用品的推荐。

一、因"茶"制宜

古往今来，但凡讲究品茗情趣的人，都注重品茶韵味，崇尚意境高雅，强调"壶添品茗情趣，茶增壶艺价值"[①]。认为好茶好壶，犹似红花绿叶，相映生辉。对一个爱茶人来说，不仅要会选择好茶，还要会选配好茶具。因此，在历史上，有关因"茶"制宜选配茶具的记述是很多的。

唐代陆羽通过对各地所产瓷器茶具的比较后认为："邢（今河北巨鹿、广宗以西，泜河以南，沙河以北一带）不如越（今浙江绍兴、萧山、浦江、上虞、余姚等地）。"这是因为唐代人们喝的是饼茶，茶需要经过烤炙、研碎，再经煎煮而成。这种茶的茶汤呈淡红色。一旦茶汤倾入瓷茶具后，汤色就会因瓷色的不同而起变化。"邢州瓷白，茶色红；寿州（今安徽寿县、六安、霍山、霍邱等地）瓷黄，茶色紫；洪州（今江西修水、锦江流域和南昌、丰城、进贤等地）瓷褐，茶色黑，悉不宜茶。"[②]而越瓷为青色，倾入淡红色的茶汤，呈绿色。陆氏从茶叶欣赏的角度，提出了"青则益茶"，认为以青色越瓷茶具为上品。而唐代的皮日休和陆龟蒙则从茶具欣赏的角度提出了茶具以色泽如玉，又有画饰为最佳。

从宋代开始，饮茶习惯逐渐由煎煮改为"点注"，团茶研碎经"点注"后，茶汤色泽已近白色了。这样，唐时推崇的青色茶碗也就无法衬托出白色。而此时作为饮茶的碗已改为盏，这样对盏色的要求也就起了变化，"盏色贵黑青"，认为黑釉茶盏才能反映出茶汤的色泽。宋代蔡襄在《茶录》中写道："茶色白，宜黑盏。建安（今福建建瓯）所造者绀黑，纹如兔毫，其坯微厚，之久热难冷，最为要用。"蔡氏特别推崇"绀黑"的建安兔毫盏。

明代，人们已由宋时的团茶改饮散茶。明代初期饮用的芽茶，茶汤

① 具体内容参见中国雅茶文化公益平台。
② 陆羽.茶经［M］.卡卡，译.北京：中国纺织出版社，2006.

已由宋代的白色变为黄白色，这样对茶盏的要求当然不再是黑色了，而是时尚的白色。对此，明代的屠隆就认为茶盏"莹白如玉，可试茶色"。明代张源的《茶录》中也写道："茶瓯以白磁为上，蓝者次之。"明代中期以后，瓷器茶壶和紫砂茶具兴起，茶汤与茶具色泽不再有直接的对比与衬托关系。人们饮茶的注意力转移到茶汤的韵味上来了，对茶叶色、香、味、形提出要求，主要侧重在"香"和"味"。这样，人们对茶具特别是对壶的色泽，并不给予较多的注意，而是追求壶的雅趣。明代冯可宾在《岕茶笺》中写道："茶壶以小为贵，每客小壶一把，任其自斟自饮方为得趣。何也？壶小则香不涣散，味不耽搁。"强调茶具选配得体，才能尝到真正的茶香味。

清代以后，茶具品种增多，形状多变，色彩多样，再配以诗、书、画、雕等艺术，从而把茶具制作推向新的高度。而多种茶类的出现，又使人们对茶具的种类与色泽，质地与式样，以及茶具的轻重、厚薄、大小等提出了新的要求。一般来说，饮用花茶，为有利于香气的保持，可用壶泡茶，然后斟入瓷杯饮用。饮用红茶和绿茶，注重茶的韵味，可选用有盖的壶、杯或碗泡茶；饮用乌龙茶则重在"啜"，宜用紫砂茶具泡茶；饮用红碎茶与工夫红茶，可用瓷壶或紫砂壶来泡茶，然后将茶汤倒入白瓷杯中饮用。如果是品饮西湖龙井、洞庭碧螺春、君山银针、黄山毛峰等细嫩名茶，则用玻璃杯直接冲泡最为理想。至于其他细嫩名优绿茶，除选用玻璃杯冲泡外，也可选用白色瓷杯冲泡饮用。但不论冲泡何种细嫩名优绿茶，茶杯均宜小不宜大，大则水量多、热量大。第一，会将茶叶泡熟，使茶叶失去绿翠的色泽；第二，会使芽叶软化，不能在汤中林立，失去优美姿态；第三，会使茶香减弱，甚至产生"熟汤味"。此外，冲泡红茶、绿茶、黄茶、白茶，使用盖碗，也是可取的。在我国民间，还有"老茶壶泡，嫩茶杯冲"之说。这是因为用壶冲泡较粗老的茶叶，一则可保持热量，有利

于茶叶中的水浸出物溶解于茶汤，提高茶汤的可利用率；二则较粗老茶叶缺乏观赏价值，用来敬客，不大雅观，用壶冲泡，还可避免失礼之嫌。而用杯冲泡细嫩的茶叶，茶叶在杯中一目了然，同时能让品茗者在品茗过程中体会物质享受和获得精神欣赏的愉悦。

二、因"地"制宜

中国地域辽阔，各地的饮茶习俗不同，故对茶具的要求也不一样。长江以北一带，大多喜爱选用有盖瓷杯冲泡花茶，以保持花香，或者用大瓷壶泡茶，而后将茶汤倾入茶盅饮用。在长江三角洲沪杭宁地区和华北京津等一些大中城市，人们喜好品饮细嫩名优茶，既要观其色、赏其形，还要闻其香、啜其味。因此，特别喜欢用玻璃杯或白瓷杯泡茶。在江、浙一带，许多地区的人们饮茶注重茶叶的滋味和香气，因此喜欢选用紫砂茶具泡茶，或用有盖瓷杯沏茶。福建及广东潮州、汕头一带，习惯于用小杯啜乌龙茶，故选用"烹茶四宝"——潮汕风炉、玉书碨、孟臣罐、若琛瓯泡茶，以鉴赏茶的韵味。潮汕风炉是一只缩小了的粗陶炭炉，专做加热之用；玉书碨是一把缩小了的瓦陶壶，高柄长嘴，架在风炉之上，专做烧水之用；孟臣罐是一把比普通茶壶小一些的紫砂壶，专做泡茶之用；若琛瓯是只有半个乒乓球大小的 2 ~ 4 只小茶杯，每只只能容纳4毫升茶汤，专供饮茶之用。小杯啜乌龙，与其说是解渴，还不如说是闻香玩味。这种茶具往往又被看作一种艺术品。四川人饮茶特别钟情于盖碗茶，喝茶时，左手托茶托，不会烫手，右手拿茶碗盖，用以拨去浮在汤面的茶叶。加上盖，能够保香；去掉盖，又可观察汤色。选用这种茶具饮茶，颇有清代遗风。至于我国边疆地区，至今多习惯于用碗喝茶，古风犹存。

三、因"人"制宜

不同的人用不同的茶具,这在很大程度上反映了人们的不同地位与身份。陕西扶风法门寺地宫出土的茶具表明,唐代王公贵族选用金银茶具、秘色瓷茶具和琉璃茶具饮茶;而陆羽在《茶经》中记述,同时代的民间却用瓷碗饮茶。清代的慈禧太后对茶具更加挑剔,她喜用白玉作杯、黄金作托的茶杯饮茶。而历代文人墨客,都特别强调茶具的"雅"。宋代文豪苏东坡在江苏宜兴蜀山讲学时,自己设计了一种提梁式的紫砂壶。苏东坡在《煎茶歌》中写下"松风竹炉,提壶相呼",并独自烹茶品赏。这种提梁壶,至今仍为茶人所推崇。清代江苏溧阳知县陈曼生,爱茶尚壶。他精诗文、擅书画、篆刻,于是去宜兴与制壶高手杨彭年合作制壶,由陈曼生设计,杨彭年制作,再由陈曼生镌刻书画,作品人称"曼生壶",为鉴赏家所珍藏。脍炙人口的中国古典文学名著《红楼梦》对品茶用具更有细致的描写。其第四十一回"贾宝玉品茶栊翠庵"中,写栊翠庵尼姑妙玉在待客选择茶具时,因对象地位和与宾客的亲近程度而异。她手捧"海棠花式雕漆填金"的"云龙献寿"小茶盘,放着沏有"老君眉"的"成窑五彩小盖钟",奉献给贾母;用镌有"王恺珍玩"的"瓟斝"烹茶,奉与宝钗;用镌有垂珠篆字的"点犀盉"泡茶,捧给黛玉;用自己日常吃茶的那只"绿玉斗",后来又换成一只"九曲十环一百二十节蟠虬整雕竹根的一个大海"斟茶,递给宝玉。给其他众人用的是一色的官窑脱胎填白盖碗。而将"刘姥姥吃了","嫌腌臜"的茶杯竟弃之不要了。至于下等人用的则是"有油膻之气"的茶碗。现代人饮茶,对茶具的要求虽然没那么严格,但也根据各自的饮茶习惯,结合自己对壶艺的要求,选择最喜欢的茶具。而一旦宾客登门,则总想把自己最好的茶具拿出来招待客人。

另外,职业有别、年龄不一、性别不同,对茶具的要求也不一样。如老年人讲求茶的韵味,要求茶叶香高味浓,重在物质享受,因此,多用茶壶泡茶；年轻人以茶会友，要求茶叶香清味醇，重于精神品赏，因此，多用茶杯沏茶。男人习惯于用较大素净的壶或杯斟茶；女人爱用小巧精致的壶或杯冲茶。脑力劳动者崇尚雅致的壶或杯细品缓啜；体力劳动者常选用大杯或大碗，大口急饮。

四、因"具"制宜

在选用茶具时，尽管人们的爱好多种多样，但以下三个方面却都是需要加以考虑的：一是要有实用性；二是要有欣赏价值；三是有利于茶性的发挥。不同质地的茶具，这三方面的性能是不一样的。

一般来说，各种瓷茶具，保温、传热适中，能较好地保持茶叶的色、香、味、形之美，而且洁白卫生，不污染茶汤。如果加上图文装饰，又含艺术欣赏价值。

紫砂茶具，用它泡茶，既无熟汤味，又可保持茶的真香，加之保温性能好，即使在盛夏酷暑，茶汤也不易变质发馊。但紫砂茶具色泽多数深暗，用它泡茶，不论是红茶、绿茶、乌龙茶，还是黄茶、白茶、黑茶，对茶叶汤色均不能起衬托作用，对外形美观的茶叶，也难以观姿察色，这是其美中不足之处。

玻璃茶具，透明度高，用它冲泡高级细嫩名茶，茶姿汤色历历在目，可增加饮茶情趣，但它传热快，不透气，茶香容易散失，所以，用玻璃杯泡花茶，不是很适合。

搪瓷茶具，具有坚固耐用、携带方便等优点，所以在车间、工地、田间，甚至出差旅行，常用它来饮茶，但它易灼手烫口，也不宜用它泡茶待客。

塑料茶具，因质地关系，常带有异味，这是饮茶之大忌，最好不用。

另外，还有一种无色、无味、透明的一次性塑料软杯，在旅途中用来泡茶也时有所见，那是为了卫生和方便旅客，杯子又经过特殊处理，这与通常的塑料茶具相比，应另当别论了。

20世纪60年代以来，在市场上还出现一种保温茶具，大的如保温桶，常见于工厂、机关、学校等公共场所，小的如保温杯，一般为个人独用。用保温茶具泡茶，会使茶叶因泡熟而使茶汤泛红，茶香低沉，失去鲜爽味。用来冲泡茶量较多或较粗老的茶叶较为合适。至于其他诸如金玉茶具、脱胎漆茶具、竹编茶具等，或因价格昂贵，或因做工精细，或因艺术价值高，平日很少用来泡茶，往往作为一种珍品供人收藏或者作为一种礼品馈赠亲友。

第八章 智慧之用——泡茶水之品赏

泡茶不能离开水，好茶要通过水的冲泡才能以一碗茶汤的形式呈现出来被人们所享用，因此水质的好坏能直接影响茶汤的质量。从古至今，但凡提到茶事，总是将茶与水联系在一起。中国传统的茶艺历来认为泡茶的水质十分重要，人们对于茶叶色、香、味的追求，都要靠水得以展现。再好的茶，无好水则难得真味。水的好坏对茶的色、香、味影响实在太大。

第一节 自然之韵——泡茶之水的种类

一、水质分类

现代科学研究证明，泡茶用水有软水和硬水之分。我们在选择泡茶用水时，要对水的软硬度与茶汤品质的关系进行了解。因为，不同的水质对茶汤有不同的影响，而对茶汤品质有重要影响的两个关键环节是水的软硬度和 pH 值。

（一）硬水

1. 何为硬水

含有较多量的钙、镁离子的水称为硬水。硬水中有泉水、江河之水、溪水、自来水和一些地下水。据化学分析，硬水泡茶，茶汤发暗，滋味发

涩。由于硬水中含有大量矿物质，如钙、镁离子等，使茶叶有效成分的溶解度降低，茶味偏大，而且水中的一些矿物质与茶发生作用，也对茶产生了不良影响。水的硬度还会影响茶汤的酸碱度，从而会影响茶汤的颜色并直接影响茶汤的滋味。

2. 暂时硬水

有的硬水也可以用来泡茶，如果水的硬性是由所含的碳酸氢钙或碳酸氢镁引起的，这种水称暂时硬水。泡茶实践证明，用硬水泡茶有损茶汤的纯正滋味。但是，在饮用水条件有限的环境中，只要将水煮沸泡茶，同样也能冲泡出一杯相对好喝的茶汤。

3. 永久硬水

永久性硬水不能泡出好的茶汤。永久硬水，是由于水的硬性由含有钙和镁的硫酸盐或氯化物引起的，这样的水质无法泡出口感鲜爽的茶汤。

水的硬度不但影响着茶汤的品质，还影响水的 pH 值（酸碱度），酸碱度又是影响茶汤色泽的重要因素。当 pH 值大于5时，汤色加深；pH 值达到7时，茶黄素就容易自动氧化而损失。由此可见，我们在选择泡茶用水时应以悬浮物含量低、不被肉眼所能见到的悬浮微粒、总硬度不超过25°、pH 值小于5、非盐碱地区的地表水为好。

（二）软水

1. 何为软水

不含或含少量钙、镁离子的水称为软水。自然界中的雨水和雪水是典型的软水。用软水泡茶，茶汤明亮，香味鲜爽，所以软水宜茶。软水中所含的溶解物质少，茶中的有效成分能迅速溶出，溶解度高，因此茶味浓厚。

2. 硬水分解为软水的过程

大部分硬水一经高温煮沸，碳酸盐就会立即分解，水中所含的碳酸钙、碳酸镁生成可溶性的碳酸氢钙和碳酸氢镁，使硬水变为软水。平时用铝壶烧开水，壶底上的白色沉淀物质就是碳酸盐。

目前，泡茶常用的软水是经过人工加工处理的蒸馏水和纯净水，这些水由于经过加工成本较高，价格较贵，因而切实可行的办法是将硬水加工成软水。比如，将自来水搁置煮沸，这种办法费用不高，效果颇佳，操作起来也方便可行，是一般大众首选的软化水的方法。

二、品茗名泉

中国历代古人对名泉好水做出了判定，为后人对泡茶用水的研究提供了非常丰富的历史资料。"茶圣"陆羽在《茶经》中有云："其水，山水上，江水中，井水下。"这里的山水就是指山中的泉水，因此我们可以看出，泡茶之水以山中泉水为最佳。而对于山泉水，陆羽还进行了评估和分类，评出了二十名次天下名泉。可见，确实是"山水上"的原则，用山泉水是煮茶的最好水质。

1. 庐山康王谷谷帘泉

康王谷又名庐山垅，位于庐山南山中部偏西，是一条狭长谷地，垅中涧流清澈见底，陶渊明《桃花源记》中描写的"武陵人"缘溪行的清溪仿佛以此为写照。而这条溪涧的源头就是谷帘泉，谷帘泉的源头来自大汉阳峰，纷纷扬扬数百十缕，仿佛从天而降，如同一幅玉帘悬在山中，影影绰绰，头尾170余米。

经"茶圣"陆羽将其品定为"天下第一泉"后，名扬四海。后来历代文人墨客接踵而至，纷纷品水题字。著名的如：宋代名士王安石、秦少游，明代朱熹等都在游览品尝过谷帘泉水后，留下了美词佳句。而庐山有名茶，即驰名海内外的庐山云雾。如果杭州的"龙井茶，虎跑泉"被称为双绝，那么庐山上的"云雾茶，谷帘泉"，同样也可被誉为珠璧之美。

2. 镇江中泠泉

宋代抗元将领文天祥品尝了用镇江中泠泉泉水煎泡的茶之后写下了诗篇："扬子江心第一泉，南金来此铸文渊，男儿斩却楼兰首，闲品《茶经》拜羽仙。"

中泠泉，又名南零水、中零泉，意思是大江中心处的一股清冷泉水。早在唐代中泠泉就已天下闻名，唐代刘伯刍认为此泉宜于煎茶，并将其推举为全国七大水品之首。中泠泉原位于镇江金山之西的长江江中盘涡险处，汲取极为困难。自唐以来，达官贵人、文人学士，或派下人代汲，或冒险自汲，都对中泠泉表示出极大兴趣。中泠泉水的表面张力大，若装满杯的泉水，水面可高出杯口1~2mm而不外溢。现在，江滩逐渐扩大，中泠泉已与陆地相连，泉水不复存在，仅是一个景观罢了。

3. 北京玉泉山玉泉

玉泉的位置在北京颐和园以西的玉泉山南麓，泉水从山脚流出，"水清而碧，澄洁似玉"，因此得名玉泉。玉泉山六峰连缀，随处皆有泉，自然环境和风景都十分优美。

据说，古代玉泉的泉口附近有大石，镌刻着"玉泉"二字，玉泉水经大石上漫过，宛若翠虹垂天，此景被纳入燕山八景，名曰"玉泉垂虹"。后来因大石碎化，风景变迁，清乾隆时改"垂虹"为"趵突"。

玉泉流量大而稳定，曾是金中都、元大都和明清北京河湖系统的主要水源。明代从永乐皇帝迁都北京以后把玉泉定为宫廷饮用水源，其中一个主要原因就是玉泉水水质清洁，含盐量低，水温适中，水味甘美又距皇城不远。清乾隆皇帝曾命人分别从全国各地汲取名泉水样和玉泉水一起进行比较，并用一银质小半称水检测，结果北京玉泉水比国内其他的水都轻，证明泉水所含杂质最少，水质最优，名列第一。如今我们用当代先进科学检测的方法，对泉水进行分析鉴定，其结果表明玉泉水确实是一种极为理想的饮用水，玉泉被选做宫廷用水还有一个非常重要的原因，就是泉水四季势如鼎沸，涌水量稳定，从不干涸。

玉泉水水质好，自古有定评。元代的《一统志》中说玉泉"泉极甘洌"。乾隆皇帝特别青睐，特地撰写了《玉泉山天下第一泉记》，并将全文刻于石碑，立于泉旁。

4. 济南趵突泉

济南是著名的泉城，有关济南泉水的记载，最早见于《春秋》。金代有人立"名泉碑"，将济南的名泉列为72处，趵突泉为72泉之首。明代沈复在《浮生六记》中说："趵突泉为济南七十二泉之冠。泉分三眼，从地底忽涌突起，势如腾沸，凡泉皆从上而下，此独从下而上，亦一奇也。"趵突泉按字释义，"趵，跳跃貌；突，出现貌"。形容该泉水瀑跳跃如趵突。趵突泉与漱玉泉、全线泉、马跑泉等28眼名泉及其他5处无名泉，共同构成趵突泉群。其中，集中在趵突泉公园的有16处，是国内罕见的城市大泉群。趵突泉是此泉群的主泉，泉水汇集在一长方形的泉池中，泉池东西长约30m，南北宽为20m，四周砌石块，围以扶手栏杆。池中有3个大型泉眼，昼夜涌水不息，其涌水量巨大，约占济南市总泉水量的1/3。

趵突泉得名"天下第一泉"，相传是乾隆皇帝游趵突泉时赐封的。当时，乾隆皇帝巡游江南，专门派车运载北京玉泉山泉水，供沿途饮用。途经济南时，他品尝了趵突泉的水，觉得这泉水果真名不虚传，口味竟比玉泉之水还要清洌甘美。于是，自济南启程南行后，沿途就改喝趵突泉的水了。临行前，乾隆为趵突泉题了"激湍"二字，还写了一篇《游趵突泉记》，文中写道："泉水怒起跌突，三柱鼎立，并势争高，不肯相下。"

5. 无锡惠山泉

惠山泉位于江苏无锡锡惠公园内。相传为唐朝无锡县令敬澄于大历元年至十二年（766—777）所开凿。惠山旧名慧山，因西域仙人慧照曾居此

地，故而命名。唐代陆羽尝遍天下名泉，并为20处水质最佳的名泉按等级进行排序，惠山泉被评为"天下第二泉"。此后，刘伯刍、张又新等唐代著名茶人亦纷纷将惠山泉推举为"天下第二泉"，惠山泉因而也被后人称为"二泉"。至宋徽宗时，惠山泉水成为宫廷贡品。惠山泉水为山水，是通过岩层裂隙过滤后流淌出来的地下水。因此，水中含杂质很少，水味甘而水质轻，用以煎茶，为水中上品。惠山泉名扬天下，引四方茶客不远千里前来汲取二泉之水，达官贵人更是闻名而至。唐武宗时，宰相李德裕尤喜用二泉水泡茶，令当地地方官派人通过"递铺"（类似驿站的专门运输机构），把泉水送到三千里之外的长安，供他泡茶品茗之用。宋代大文豪苏东坡对泡茶之水的研究颇有心得，也曾"独携天上小团月，来试人间第二泉"。而风雅皇帝乾隆到惠山取泉水冲泡香茗时，专门用特制小型量斗，量得惠山泉水为每斗一两零四厘，仅比他所推崇的北京玉泉水稍重。更有著名民间音乐艺术家阿炳以惠山泉为素材作二胡演奏曲《二泉映月》，以其哀怨的曲调和清新的旋律被人们喜爱，这首经典乐曲至今仍是中国民间音乐不可取代的代表曲目。

三、品茗用水的分类

品茗用水自古以来分为天水、地水。

（一）天水

古人称用于泡茶的雨水和雪水为天水，也称天泉。天然水中包括江、河、湖、泉、井及雨水，用这些天然水泡茶应该注意水源、环境、气候等因素。

1. 雨水

雨水是比较纯净的，虽然雨水在降落过程中会碰上尘埃和二氧化碳等物质，但含盐量和硬度都很小，历来就被用来煮茶。另外，空气洁净时下的雨水，也要用来泡茶，但因季节不同而有很大差异。秋季，天高气爽，尘埃较少，雨水清冽，泡茶滋味爽口甘回；梅雨季节，和风细雨，有利于微生物滋生，用来泡茶品质较次；夏季雷阵雨，常伴飞沙走石，水质不净，泡茶茶汤浑浊，不宜饮用。

2.雪水

雪水，历来受到古代文人和茶人的喜爱。如唐代白居易《晚起》诗中的"融雪煎香茗"，宋代辛弃疾词中的"细写茶经煮香雪"，元代谢宗可《雪煎茶》中的"夜扫寒英煮绿尘"，清人袁枚的"就地取天泉，扫雪煮碧茶"，清代曹雪芹《红楼梦》中的"扫将新雪及时烹"，等等，都是描述用雪水烹茶的。尤其《红楼梦》"贾宝玉品茶栊翠庵"一回中，描绘得更加有声有色，说的是贾母带刘姥姥等人至栊翠庵，要妙玉拿好茶来饮。妙玉用旧年蠲的雨水，泡了一杯"老君眉"给贾母。随后妙玉拉宝钗、黛玉进了耳房去吃"体己茶"，宝玉也悄悄跟了来。妙玉用梅花上的雪水，泡茶给他们品，"宝玉细细吃了，果觉清淳无比，赞赏不绝"。黛玉问妙玉："这也是旧年蠲的雨水？"妙玉回答："这是……收的梅花上的雪……"乾隆皇帝也曾有"遇佳雪，必收取，以松实、梅英、佛手烹茶，谓之三清"[①]。可见，古人对雪水烹茶情有独钟。

（二）地水

在自然界，山泉，江、河、湖、海、井水，统称为"地水"。

1.泉水

明代《岕茶笺》一书中认为："山泉为上，江水次之。"在天然水中，泉水水源多出自山岩壑谷，或潜埋地层深处，流出地面的泉水，经多次渗

---

① 陆以湉.冷庐杂识［M］.北京：中华书局，1984.

透过滤，水质一般比较稳定，所以有"泉水石出清宜冽"①之说。但是，在地层的渗透过程中泉水溶入了较多的矿物质，它的含盐量和硬度等就有较大的差异。所以，不是所有的山水都是上等的，有的泉水如硫黄矿泉水甚至不能饮用。

《茶经》还指出："其山水，拣乳泉、石池漫流者上。"这是说，从岩上石钟乳滴下，在石池里经过沙石过滤的而且是缓慢流动的泉水为最好。泉水，清澈宜茶。古人有不少茶诗都吟咏了泉水，如宋代的《赏茶》诗曰："自汲香泉带落花，漫烧石鼎试新茶。"蔡廷秀《茶灶石》曰："仙人应爱武夷茶，旋汲新泉煮嫩芽。"这些都是清新绝佳的咏泉诗作。

2. 江、河、湖水

江、河、湖水均为地面水，所含矿物质不多，通常有较多杂质，浑浊度大，受污染较重，情况较复杂，所以江水一般不是理想的泡茶用水。但我国地域广阔，有些未被污染的江河湖水澄清后用为泡茶，也很不错。宋代诗人杨万里曾写诗描绘船家用江水泡茶的情景，诗云："江湖便是老生涯，佳处何妨且泊家，自汲松江桥下水，垂虹亭上试新茶。"明代许次纾在《茶疏》中说："黄河之水，来自天上，浊者土色也，澄之既净，香味自发。"说明有些江河之水，尽管浑浊度高，但澄清之后，仍可饮用。通常靠近城镇之处，江河水易受污染。唐代《茶经》中提道："其江水，取去人远者。"也就是到远离人烟的地方去取江水。千余年前况且如此，如今环境污染更为严重，因此，许多江水需要经过净化处理后才可饮用。

3. 井水

井水属地下水，是否适宜泡茶，不可一概而论。有些井水，水质甘美，是泡茶好水，如北京故宫博物院文华殿东传心殿内的"大庖井"，曾经是皇宫里的重要饮水来源。但是，一般说浅层地下水易被地面水污染，

---

① 陆羽. 茶经 [M]. 卡卡, 译. 北京: 中国纺织出版社, 2006.

水质较差，所以深井比浅井好。其次，城市里的井水受污染多，多咸味，一般不宜泡茶；而农村井水受污染少，水质好，适宜饮用。

4. 自来水

最常见的生活饮用水，是加工处理后的天然水，为暂时硬水，因其含有较多的氯离子，饮用前需要置清洁容器中1~2天，让氯气挥发，然后煮开用于泡茶，水质还是可以达到要求的。凡达到我国卫健委制定的饮用水卫生标准的自来水，都可以用来泡茶。但有时自来水用过量的氯化物消毒，氯气味很重，用之泡茶，不仅茶香受到影响，汤色也会浑浊。为了消除氯气，可将自来水储存在洁净的容器中，静置一昼夜，待氯气自然挥发，再用来煮沸泡茶，效果大不一样。

中国茶学家不仅重视泉水，对江水、山水、井水也十分注意。有些茶学家认为，烹茶不一定都取名泉，天下如此之大，哪能处处有佳泉，所以主张因地制宜，学会"养水"。如取大江之水，应在上游、中游植被良好幽静之处，于夜半取水，左右旋搅，三日后自缸心轻轻舀入另一空缸，至七八分即将原缸渣水沉淀皆倾去。如此搅拌、沉淀、取舍三遍，即可备以煎茶了。从现代的观点分析，这种方法可能不如以加入化学物质使之直接净化省时省工，但对古人来说，却是从实践中得来的自然之法，也许更有利于天然水质的保养。

至于其他取水方法还有许多，有的确有一定的科学道理，有的不过因人之所好，兴之所至，因时、因地、因具体条件便宜从事罢了。如有些茶人取初雪之水、朝露之水、清风细雨中的"无根水"（露天承接，不使落地）；有的人专于梅林之中，取梅瓣积雪，化水后以罐储之，深埋地下，来年用以烹茶；有的日本茶人批评中国人饮茶于旷野、松风、清泉、江流之间，体现不出苦寂的茶道精神。其实，各个民族、各种人群，都有自己的喜好，大自然本来多姿多彩，人生本来应合自然韵律。

第二节　宜茶之水——泡茶之水的选择

一、不同水质对品茗的影响

我们在选择泡茶用水时，要尽量使用适合泡茶的软水。因为软水中的钙、镁含量较低，有利于茶叶有效物质浸出。在自然界，雪水、雨水以及人工加工而成的纯净水、蒸馏水是软水；而泉水、江水、溪水、湖水、井水等水源中有一部分是软水，也有一部分是硬水。由于现代工业排出的废水和废气，泉水、江水、溪水、湖水、井水都受到了不同程度的污染，因此不适合直接泡茶。而雨水和雪水，虽然未曾落地，但也因受大气污染而含有大量的尘埃和其他溶解物，因此也不适合用于泡茶。

明人张录在《茶录》中明确指出："茶者，水之神；水者，茶之体。"不同的水质对茶汤有不同的影响。

1. 对茶味的影响

通常，1升水中含有碳酸钙1毫克称为硬度1°。硬度0~10°为软水，10°以上为硬水，通常泡茶用水的总硬度不超过25°。水的软硬度对茶味的影响至关重要，软水中所含的其他溶质少，而且溶解度高，茶味也就浓厚；硬水中由于含有大量矿物质，如钙、镁离子等，有效成分的溶解度低，茶味偏大，而且水中的一些物质与茶发生作用，对茶产生不良影响。

2. 对汤色的影响

水的软硬度还会影响到水的酸碱度，从而会影响茶汤的颜色。

3. 对溶解有效成分的影响

水的软硬度会影响茶叶有效成分的溶解。软水中含其他溶质少，

194

茶叶有效成分的溶解度高。而硬水中含有较多的钙、镁离子和矿物质，茶叶有效成分的溶解度低。由此可见，泡茶用水以选择软水或暂时硬水为宜。

人们一般会认为，矿泉水是最好的泡茶用水，但事实上市场上销售的矿泉水并非全是软水，其中一部分属于硬水。所以，我们最好选择 pH 值小于7的软水质矿泉水泡茶。同样，我们用纯净水泡茶，能较好地使茶汤呈现出其应有的滋味和香气，但是纯净水并不适合长期用来泡茶。因为纯净水在净化过程中，在消除有害物质的同时，也除去了人体所需的矿物质和微量元素。更值得注意的是，用纯净水泡茶，茶叶中的有益物质不但不能被人体吸收，还会部分流失。所以不要经常使用纯净水泡茶，选用清洁的自来水泡茶就可以了。

由此，我们应当了解泡茶用水是决定茶汤品质特征的主要因素，由于水质的不同，冲泡后茶汤的色、香、味差异很大。

二、古今泡茶用水的选择

中国茶人自古在沏茶品茗时，对水的选择非常讲究，沏茶讲究水的"活、甘、清、轻"。"活"，是指活水，如山涧流动的山泉；"甘"，指水味之甘甜，是优质泉水的特点；"清"，指水源清澈纯净、不见杂物；"轻"，是指水的比重比较小，即水的硬度比较小。水的选择，在不少古籍茶书中有专门记载和论述。唐代陆羽在《茶经·四之器》中提到的"漉水囊"，就是用来滤水的，能使煎茶之水更加清净；宋代斗茶强调茶汤以白取胜，注重使用清澈的山泉。上述都强调了沏茶用水，以"清"为本。

1. 唐代

关于宜茶之水，早在陆羽所著的《茶经》中，便曾详加论证。他说："其水，用山水上，江水中，井水下。其山水，拣乳泉、石池漫流者上，其瀑涌湍漱勿食之，久食令人生颈疾。又多别流于山谷者，澄浸不泄，自火天至霜郊以前，或潜龙畜毒其间，饮者可决之，以流其恶，使新泉涓涓然，酌之。其江水，取去人远者。井取汲多者。"

陆羽在这里对水的要求，首先是要远市井，少污染；重活水，恶死水。故认为山中乳泉、江中清流为佳。而沟谷之中，水流不畅，又在炎夏时，有各种毒虫或细菌繁殖，当然不易饮。而究竟哪里的水好，哪里的水劣，还要经过茶人反复实践与品评。其实，早在陆羽著《茶经》之前，他便十分注重对水的考察研究。《唐才子传》说，他曾与崔国辅"相与较定茶水之品"。崔国辅早在天宝十一载便到竟陵为太守，此时的陆羽尚未至弱冠之年，可见陆羽幼年已开始在研究茶品的同时注重研究水品。

有了陆羽好的开头，后代茶人对水的鉴别一直十分重视，以致出现了许多鉴别水品的专门著述。最著名的有唐人张又新的《煎茶水记》，其他茶学专著中也大多兼有对水品的论述。

唐人张又新说，陆羽曾品天下名水，列出前二十名次序，他曾作《煎茶水记》，说李季卿任湖州刺史，行至维扬（今扬州）遇陆羽，请之上船，抵扬子驿。季卿闻扬子江南泠水煮茶最佳，遂派士卒去取。士卒自南泠汲水，至岸泼洒一半，乃取近岸之水补充。回来陆羽一尝，说："不对，这是近岸水。"又倒出一半，才说："这才是南泠水。"士兵大惊，乃据实以告。季卿大服。

2. 宋代

宋代诗人苏轼在《汲江煎茶》诗中有名句"活水还须活火煎，自临钓石取深情"；宋代唐庚《斗茶记》中有"水不问江井，要之贵活"；著名抗元将领文天祥也有诗曰："扬子江心第一泉，南金来北铸文渊"，"男儿斩却楼兰首，闲品《茶经》拜羽仙"。另外，北宋蔡襄在《茶录》中指出"水泉不甘，能损茶"；宋代欧阳修的《大明水记》和宋人叶清臣的《述煮

茶小品》等，都对泡茶用水进行了精致的描述。

而济南之趵突泉，早在郦道元于北魏时期所著的《水经注》中即有记述，经《老残游记》的艺术渲染，吸引更多名士和游人前来观赏品味。据说，早在宋代就有曾巩以之试茶，盛赞其味，故也被世人称为"天下第一泉"。

3. 明代

明代田艺蘅《煮泉小品》中认为，"味美者曰甘泉，气氛者曰香泉"，强调了品茶之水在于甘，只有甘美之水才能品出茶味。明代顾元庆《茶谱》中指出"山水乳泉漫流者为上"，也说明了泡茶之水，以活为贵。云南安宁碧玉泉，据说被明代著名地理学家徐霞客认定为"天下第一泉"。此泉为温泉，以天然岩障分为两池，下池可就浴，内池碧波清澈，奇石沉水，景既奇，水又甘，故可烹茶，故徐氏亲题"天下第一泉"五个大字，认为"虽仙家三危之露，伟地八巧之水，可以驾称之，四海第一汤也"。最为著名的是，明代张大复在《梅花草堂笔谈》中提出："茶性发于水。八分之茶，遇十分之水，茶亦十分矣；八分之水，试十分之茶，茶只八分。"说明了茶的色、香、味都是借水性而发，告诉我们如要享受茶汤的香醇美味，水的选择是极其重要的，它直接影响了茶汤的品质、香气和滋味。

4. 清代

对于水质的轻重标准，酷爱喝茶的乾隆皇帝也有自己的独到见解。他曾游历南北名山大川，每次出行常令人特制银质小斗，严格称量每斗水的重量。最后得出的结果是北京西郊玉泉山的水和热河（今承德地区境内）的水水质最轻，皆斗重一两。而济南之珍珠泉斗重一两二厘，扬子江金山泉斗重一两三厘。至于惠山、虎跑，则各为一两四厘，平山一两六厘，清

凉山、白沙、虎丘及京西碧云寺各为一两一分。有无更轻于玉泉山者，乾隆说：有——雪水。但雪水不易恒得，故乾隆以轻重为首要标准，认为京西玉泉山的水为天下第一泉。不论其确切与否，这也算一种观点。玉泉山被称为"天下第一泉"，其实不仅因为泉水水质好，一则受乾隆皇帝偏爱；二则京师当时多苦水，明清宫廷用水每年取自玉泉；三则玉泉山景色幽静佳丽。当时的玉泉位于玉泉山南麓，泉水自高处"龙口"喷出，琼浆倒倾，如老龙喷汲，碧水清澄如玉，故得"玉泉"之名。可见，被视为好水者，除水品确实高美外，与茶人的审美情趣也有很大关系。

三、现当代对品茗用水的要求

由于环境和生活节奏的改变，现代人一般选用方便、洁净的自来水、纯净水、矿泉水泡茶。为了提高茶汤的品质，选用自来水时需要设法去除其中的氧气，而选用矿泉水则应选择含钙量低、离子含量少的软水。用感官择水，现代饮用水的标准是无色、透明、无沉淀、不含有害的微生物和有害物质、无异味。

现代人在选择泡茶用水时，有条件的可以通过测定水的物理性质和化学成分，来鉴定水质。鉴定水质常用的主要指标有以下几点：

（1）悬浮物是指经过过滤后分离出来的不溶于水的固体混合物的含量。

（2）溶解固形物是水中溶解的全部盐类的总含量。

（3）硬度通常是指天然水中最常见的金属离子钙、镁的含量。

（4）碱度指水中含有能接受氢离子的物质的量。

（5）pH值表示溶液酸碱度。

泡茶用水应以悬浮物含量低、不含有肉眼所能见到的悬浮微粒、总硬度不超过25°、pH值5，以及非盐碱地区的地表水为好。如没有条件进

行检测，应选用清洁、无色、无味的水泡茶，现代城市中很容易购得的矿泉水、纯净水都是上好的泡茶用水，受广大茶艺馆经营者青睐。自来水中的氯离子会使茶叶中的多酸类物质氧化，影响汤色，破坏茶味，如一定要用，用过滤器或存放一晚后再用来泡茶，效果较好。

第三节　已臻化境——泡茶水温和浸泡时间

一、泡茶水温与物质浸出的量、浸出的速度有密切的关系

水温越高，浸出物比例越大，茶叶内含物质越容易浸出；相反，泡茶的水温越低，茶叶内含物质浸出速度越慢。原料、工艺没有缺陷的各类茶品，用100℃、80℃~85℃和50℃~60℃三种温度的水冲泡，会呈现三种不同的风味，一种茶可以喝出三种风味。至于稍有缺陷的茶，用刚烧开的开水冲泡，茶的缺陷会非常明显地展现出来。泡茶者可以通过调控泡茶水温令正在冲泡的茶扬长避短，以达到"修饰"茶叶品质的目的，尽量展示茶的美好。水温与香气物质挥发有关。水温高，香气物质就挥发得多，容易感受到香气。用刚烧开的开水泡茶4分钟，热闻香气，容易辨别茶叶是否有异杂味，也容易辨别茶叶是否有异味，如酸味、青气等，还可以辨别茶汤的不足之处。泡茶水温低，内含物质浸出率低，相对来说，异味、酸味、青味的挥发量也会减少，不容易感觉到。所以，可以通过水温来调控茶汤的滋味和香气。

研究表明，茶叶中不同内含物质的浸出对水温要求不同。茶多酚、咖啡因在高水温下快速浸出，茶汤呈苦涩味；低水温下，两者浸出较慢，茶

汤苦涩味降低。氨基酸在低水温下即可浸出，随着时间的延长，氨基酸浸出越多，茶汤呈鲜味。所以，想尝绿茶的鲜味，可以用低水温或中水温的水冲泡。当茶汤中呈苦涩味的茶多酚、咖啡因与呈鲜味的氨基酸有一定的量，且比例适当时，茶汤口感谐调，并有厚度和浓度。

泡茶用水要现煮，急火猛烧。通常提到的泡茶水温有100℃、90℃、80℃等，一般是先将水烧开，再晾凉到相应温度。通常用匀杯对倒1次，水温会降低3℃~5℃。经过人工处理的桶装矿泉水或纯净水，水质优良，泡茶者可以将水烧到需要的温度来泡茶，茶汤会更鲜爽。

（1）由中小叶种茶树鲜叶制成的高级细嫩的绿茶、红茶、花茶，泡茶水温要比大叶种茶树鲜叶制成的茶低，一般用80℃~90℃的水温冲泡；极细嫩的绿茶可用75℃~80℃的水温冲泡；名优绿茶适宜用85℃~90℃的水温冲泡；大宗红茶、绿茶、花茶，由于茶叶加工原料较成熟，用90℃~95℃的开水冲泡较为适宜。

（2）白茶，用90℃~95℃的开水冲泡。老白茶可以煮饮。

（3）黄茶，原料细嫩的黄茶要求冲泡水温低，一般黄芽茶、黄小茶用80℃~85℃的水温冲泡；原料粗老的黄茶要求水温高，黄大茶要用刚烧沸的开水冲泡或煮饮。

（4）乌龙茶（除白毫乌龙茶外）、普洱茶，由于这些茶要待新梢即将成熟时才采制，原料并不细嫩，加之用茶量较大，需要用刚沸腾的开水冲泡（沸腾的水冲入泡茶器中其实也就只有95℃左右了）。白毫乌龙茶原料相对较嫩，一般用80℃~85℃的水冲泡。

（5）砖茶制茶原料比较粗老，并在重压后形成砖状。这种茶即使用刚沸腾的开水冲泡，也难以将茶的内含物质浸泡出来。所以，需要先将砖茶解散成小块，再放入壶或锅内，用水煎煮后饮用。

上述只是一般性通则，必须根据茶叶的个性区别对待，因为即使是同一种茶叶，也有产地、质量、采制时间、气候因素等各方面的不同，甚至有温度和存放时间的区别，如新茶水温要适当偏低些，而老茶、陈茶水温要适当偏高些；茶叶发酵程度越高，泡茶水温越高；茶叶等级越低，原料越粗老，水温越高；茶叶压制越紧实，水温越高；泡茶水温的高低，还与茶叶老嫩、松紧、芽叶大小有关。一般说来，细嫩、松散、切碎的茶比粗老、紧实、完整的茶浸出速度要快；而粗老、紧实、完整的茶比细嫩、松散、切碎的茶所需的泡茶水温要高。同一茶区，头年与第二年茶叶品质也有一定的差异。因此，由于茶叶品质的区别，泡茶水温需要微调也在情理之中。

二、浸泡时间对茶汤的影响

茶叶经水浸泡，水中可溶解物就会随着时间延长而不断浸出于水中，茶汤的滋味随着冲泡时间延长而逐渐增浓，并到达一个平衡点。冲泡时间短了，茶汤会色淡味寡，香气不足；时间长了，茶汤太浓，汤色过深，茶香也会因飘逸而变得淡薄。达到平衡点所需的具体时间与茶叶本身、投茶量、水温等有关，平衡点不一定是茶汤滋味的最佳点。含叶冲泡法要求在茶叶与茶汤不分离的情况下，茶汤滋味的平衡点又是可口点。

如果仔细观察、品味会发现，用沸水冲泡后的茶汤，在不同的时间段，茶汤的滋味、香气是不同的。这是因为在同样高的水温下冲泡，茶叶中不同的有效物质浸出的速度有快有慢，一般浸出的顺序是咖啡碱—游离氨基酸—维生素—水溶性糖—有机酸—茶多酚—水溶性色素—水溶性蛋白—水溶性果胶—茶皂素—……，浸出物含量随时间延长逐渐增加。不同的茶，浸泡到可口浓度的时间不同。

（1）红、绿茶：以玻璃杯为例，第一泡茶以冲泡3分钟左右饮用为好。

若想再饮，则杯中剩1/3茶汤时续开水。以此类推，可使茶汤浓度前后相对差别较小。

（2）白茶：以白牡丹为例，芽叶完整的5克茶，用100毫升水冲泡，水与茶相遇水温90℃，第一泡1分钟，第二泡缩短到30秒，第三泡40秒，第四泡1分钟，第五泡1分20秒。

（3）黄茶：以莫干茶芽茶为例，3克茶，用100毫升水冲泡，80℃水温，第一泡时间为1分20秒，第二泡50秒，第三泡1分钟，第四泡1分50秒，第五泡2分10秒。

（4）乌龙茶：用茶量较大，加上泡茶的水温高，因此，第一泡15秒至45秒（视茶而定）就可出汤。第二泡，因为茶叶已经舒展，冲泡时间比第一泡要缩短，第三泡开始可以视茶而定适当延长5秒、10秒不等。一般紧实的茶叶，延长时间多些，松散的茶叶，延长的时间少些，目的是使每一泡茶汤浓度差别较小。

（5）黑茶：以普洱茶（紧压茶）为例，如掰开匀整的5克茶，用100毫升水冲泡，水与茶相遇时的温度是90℃，第一次冲泡的时间20秒，第二泡缩短到10秒，第三泡延长至15秒，之后每泡延长5秒。

（6）花茶：3克花茶，150毫升水，能取得较好的冲泡效果，即茶水比1：50。为了保香，不使香气散失，泡茶时间不宜过长，一般2分钟左右便可饮用。

茶类不同，冲泡时间有差异，而同一类茶，因外形、加工工艺、品种等不同，也会影响茶汤，具体如表8-1。

表8-1 不同类型茶叶与泡茶时间

泡茶时间 茶叶差异	泡茶时间长	泡茶时间短
外形	较粗老	细嫩
	紧实	松散
	芽叶完整	芽叶散碎
	紧压茶整块	紧压茶掰松
加工	杀青老	杀青嫩
	揉捻轻	揉捻重
	不揉捻	揉捻
	焙火轻	焙火重
品种	中、小叶种	大叶种

　　一般来说，紧实、紧结的茶，第一次被泡开，在之后的一定时间范围内，冲泡时间与茶汤浓度成正相关。冲泡时间的长短由茶类、投茶量、茶叶外形、工艺、品种等因素综合考量。控制浸泡时间，目的是使茶汤浓度适宜和温度适饮。

　　当面对一款不了解的茶时，我们可以先用审评杯碗法冲泡，判断这款茶本身的品质，找到这款茶的特征及优缺点；然后用合适的泡茶法，分别用标准投茶量、降低投茶量和加大投茶量3种方式进行冲泡，慢慢找到这款茶的冲泡平衡点，学会看茶泡茶、看人泡茶。

第九章　烹沏有序——茶冲泡艺术体验

第一节　仪规切己——泡茶之法

一、提壶手法

（1）提梁壶托提法：掌心向上，拇指在上，四指提壶。提梁壶握提法：握壶右上角，拇指在上，四指并拢握下。飞天壶拿法：四指并拢握提壶把，拇指向下压壶盖顶，以防壶盖脱落。公道杯拿法：如中型侧是右手握壶方式，只是拇指方向向外垂直握盅把。无把盅拿法：食指下压盅盖顶部，其余四指托盅边沿部位。无盖盅拿法：除小指外，均提拿盅边沿部位。

（2）中型侧提壶法：侧提、握提、托提。拇指压壶盖边，食、中指握壶把，其余手指自然弯曲，如果是大型壶，右手拇指压壶把，方向与壶嘴同向，食、中指握壶把，左手食、中指并拢压盖顶，其余手指自然弯曲。

（3）小型侧提壶法：侧提、握提、托提。中、拇指握壶把，食指压壶盖，其余手指自然弯曲。

二、温杯手法

品茗杯：将品茗杯放入容器中，冲水入内；左手握拳或手指合拢搭在桌沿，右手从匙筒中取出茶夹。

无把杯：双手交叉、捧杯底侧。双手向左转动手腕，翻转杯子；双手捧住杯底侧轻放茶托上。

有把杯：右手食指插入杯柄，左手捧住杯侧壁；双手向外转动手腕，将杯翻正轻放于茶托上。

闻香杯：双手交叉捧住品茗杯底侧壁，双手向右转动手腕，翻转杯子，双手捧杯轻放在茶盘上，用同样手法翻闻香杯。

润杯、温具的手法：

步骤：单手逆时针回旋冲水入杯（玻璃平底杯）约1/4杯，或双手（右手提壶，左手茶巾托壶底）逆时针回转冲水入杯约1/4杯。

润杯：斟水1/4杯，右手握杯，左手托杯，手腕逆时针回转，双手前后搓动。右手握杯，左手平托端杯；双手手腕逆时针回旋，先向内方向旋转，再向右、向外、向左方向旋转，使杯中之水得以充分润杯。双手向前搓动或向后搓动，将杯中之水弃入水盂；双手反向搓动将杯捧起，放回茶托上。

温盖碗：将盖碗之盖反斜放在茶碗上，单手或双手持壶，手腕回旋从碗盖上冲水入碗。左手半握拳或手指自然并拢搭在桌沿上，右手从匙筒中取茶针；用茶针向外拨动内侧碗盖。左手拇指、食指、中指捏住盖钮；盖毕，右手将茶针抽出，将茶针用茶巾擦去水分后，插入匙筒中。右手撑开虎口，用食指低住盖钮，拇指、中指夹住杯沿将碗提起，左手托住碗底；双手腕逆时针回旋，向内、向右、向外、向左依次进行；左手托碗，右手拇指、食指、中指提起碗盖向左侧倾斜，使左侧碗与盖之间有一定缝隙；右手握起茶碗将水弃入水盂，左手半握拳或手指自然合拢搭在桌沿，双手将碗置回茶托。

三、翻杯的手法

无把杯：双手交叉，扶杯底侧。双手交叉捧住杯底部侧壁（右手前，左手后）。

四、置茶手法

取样及置茶的手法：茶匙拨取茶叶，茶荷均分茶量，壶嘴粗茶，壶把细茶。

步骤：将罐中茶叶用茶匙拨入茶荷中；取样量已够时，用匙背面上挑，将罐边沿的茶拨回罐中；左手将样罐竖起，右手捏匙置于茶荷上；盖好茶罐复位。将茶置入茶荷中后，双手托拿茶荷（右手在前，左手在后）进行赏茶。若用茶杯冲泡，则左手拿茶荷，右手用茶匙将每杯用茶量拨入茶杯中。若用茶壶冲泡，则用茶匙将茶荷中的茶叶拨入壶中，注意将粗大的茶叶拨入壶嘴一侧，细小的茶叶拨入壶把一侧，亦可重复几次取样置茶。

五、茶巾折叠手法

长方形茶巾折叠法：将长方形茶巾反面朝上平放于茶台上。将茶巾上下两边分别在1/4处向中间对折。将茶巾左右两侧也分别在1/4处向中间对折，将两面重合对折，形成八叠式茶巾。

正方形茶巾折叠法：将正方形茶巾反面朝上平放于茶台。将茶巾底边在1/3处向上折叠，同理，将茶巾上边向下折叠。

茶巾的拿取与使用：夹拿、转腕、呈托。双手手背向上，张开虎口，拇指与其余四指夹拿茶巾，双手呈"八"字形拿取。两手夹拿茶巾后，同时向外侧转腕，使原来手背向上转为手心向上，顺势将茶巾斜放在左手掌呈托拿状，右手握住开水壶把。右手握提开水壶，并将壶底托在左手的茶吊上，以防冲泡过程中出现滴洒。

第二节　技艺卓越——泡茶之技

一、玻璃杯冲泡

润茶——甘露润莲心：好的绿茶外观如莲心，乾隆皇帝把茶叶称为"润心莲"。"甘露润莲心"就是在开泡前先向杯中注入少许热水，起到润茶的作用。将开水壶中降了温的水倾入杯中1/3，注意注入开水不要直接浇在茶叶上，应打在玻璃杯的内壁上，以免烫坏茶叶。左手托杯底，右手扶杯身，以逆时针方向回旋三圈，使茶叶充分浸润，此泡时间掌握在15秒。

图9-1　玻璃杯冲泡备具图

冲水——凤凰三点头：冲泡龙井茶时也讲究高冲水，在冲水时水壶三起三落好比凤凰向客人点头致意。

泡茶——碧玉沉清江：冲入热水后，茶先是浮在水面上，而后慢慢沉入杯底，犹如一朵朵兰花绽放在杯中，又似有生命的绿精灵在舞蹈，十分生动有趣。

奉茶——观音捧玉瓶：传说观音菩萨手捧的白玉净瓶中的甘露可消灾祛病，救苦救难。茶艺小姐把泡好的茶敬奉给客人，我们称之为"观音捧玉瓶"，意在祝福人一生平安。右手轻握杯身（注意不要捏杯口），左手托杯底，双手将茶送到客人面前，放在方便客人取用的位置。茶放好后，向客人伸出右手，做出"请"的手势，或说声"请品茶"。

赏茶——春波展旗枪：这道程序是龙井茶茶艺的特色。杯中的热水如春波荡漾，在热水的浸泡下，茶芽慢慢舒展开来。尖尖的叶芽如枪，展开的叶片如旗，一芽一叶称为旗枪，一芽两叶称为"雀舌"。展开的茶芽簇立在杯底，上下沉浮，左右晃动，栩栩如生。

闻香——慧心悟茶香：品绿茶要一观、二闻、三品味。在欣赏"春波展旗枪"之后，要闻一闻茶香。绿茶与花茶、乌龙茶不同，它的茶香更加清幽淡雅，必须用心灵去感悟，才能够闻到那春天的气息，以及清醇悠远、难以言传的生命之香。

品茶——淡中品至味：龙井茶的茶汤清醇甘鲜，淡而有味。它虽然不像红茶那样浓艳醇厚，也不像乌龙茶那样岩韵醉人，但是只要你用心去品，就一定能从淡淡的绿茶香中品出天地间至清、至醇、至真、至美的韵味来。

二、盖碗冲泡

烫杯——春江水暖鸭先知："竹外桃花三两枝，春江水暖鸭先知"是苏东坡的一句名诗。借助苏东坡的这句诗描述烫杯,请各位充分发挥自己的想象力,看一看在茶盘中经过开水烫洗之后,冒着热气的、洁白如玉的茶杯,像不像一只只在春江中游泳的小鸭子。

赏茶——香花绿叶相扶持:赏茶也称为"目品","目品"是花茶三品(目品、鼻品、口品)中的头一品,目即观察鉴赏花茶茶坯的质量,主要观察茶坯的品种、工艺、细嫩程度及保管质量。茉莉花茶茶坯多为优质

图9-2 盖碗冲泡备具图

绿茶,茶坯色绿质嫩,在茶中还混有少量的茉莉花,色泽白净明亮,称之为"锦上添花"。在用肉眼观察了茶坯之后,还要感受花茶的香气。通过上述鉴赏,我们一定会感受到好的花茶是"香花绿中相扶持",极富诗意,令人心醉。

投茶——落英缤纷玉杯中:"落英缤纷"是晋代文学家陶渊明先生在《桃花源记》中描述的美景。当我们用茶导把花茶从茶荷中拨入洁白如玉的茶杯时,花干和茶叶飘然而下,恰似"落英缤纷"。

冲水——春潮带雨晚来急:冲泡花茶也讲究"高冲水"。冲泡特级茉莉花时,用90℃左右的开水。热水从壶中直泻而下,注入杯中,杯中的花茶随水浪上下翻滚,恰似"春潮带雨晚来急"。

闷茶——三才化育甘霖美:冲泡花茶一般要用"三才杯",茶杯的盖代表"天",杯托代表"地",茶杯代表"人"。人们认为茶是"天涵之,地载之,人育之"的灵物。闷茶的过程象征着天、地、人三才合一,共同化育出茶的精华。

奉茶——一盏香茗奉知己：敬茶时应双手捧杯，举杯齐眉，注目嘉宾并行点头礼，然后从右到左，依次一杯一杯地把沏好的茶敬奉给客人，最后一杯留给自己。

闻香——杯里清香浮清趣：闻香也称为"鼻品"，这是三品花茶中的第二品。品花茶讲究"未尝甘露味，先闻圣妙香"。闻香时，"三才杯"的天、地、人不可分离，应用左手端起杯托，右手轻轻将杯盖揭开一条缝，从缝隙中闻香。闻香时主要看三项指标：一闻香气的鲜灵度，二闻香气的浓郁度，三闻香气的纯度，细心地闻优质花茶的茶香，是一种精神享受，一定会感悟到在"天、地、人"之间，有一股新鲜、浓郁、纯正、清和的花香伴随着清悠高雅的茶香，沁人心脾，使人陶醉。

三、紫砂壶

备具：将茶盘放置台面中间，四只若琛杯呈新月状环列在茶盘上。茶盘两旁分别摆放茶荷、茶道用品组、随手泡和水方。

展示茶具：按照摆放顺序，将茶具依次向客人展示，并分别介绍其功能。

烹煮泉水：沏茶择水最为关键，水质不好，会直接影响茶的色、香、味，只有好水茶味才美，冲泡安溪铁观音，烹煮

图9-3 紫砂壶冲泡备具图

的水温须达到100℃，这样最能体现铁观音独特的韵味。

淋霖瓯杯："淋霖瓯杯"也称"热壶烫杯"，瓯杯有一定的温度，讲究

卫生，起到消毒作用。

观音入宫：右手拿起茶漏把茶叶装入，左手拿起茶匙把铁观音装入瓯杯。

悬壶高冲：提起水壶，对准瓯杯，先低后高冲入，使茶叶随着水流旋转而充分舒展。

春风拂面：左手提起瓯盖，轻轻在瓯面上转一圈，把浮在瓯面上的泡沫刮起，然后右手提起水壶把瓯盖上的泡沫冲净。

瓯面酝香：铁观音茶采用半发酵制作，其生长环境得天独厚，采制技艺十分精湛，素有"绿叶红镶边，七泡有余香"之美称，具有防癌、美容、抗衰老、降血脂等特殊功效。茶叶下瓯冲泡，须待一分钟，这样才能充分释放出独特的香和韵，冲泡时间太短，色香味显示不出来，太久会有"熟汤味"。

三龙互鼎：斟茶时，用右手的拇指、中指夹住瓯杯的边沿，食指按在瓯盖的顶端，提起盖瓯，把茶水倒出，三个手指称为三条龙，盖瓯成为鼎，这叫"三龙互鼎"。

行云流水：提起盖瓯，沿托盘上边绕一圈，把瓯底的水刮掉，这样可防止瓯外的水滴入杯中。

观音出海：也可称为"关公巡城"，把茶水依次巡回均匀地斟入各茶杯里，斟茶时应低行。

点水留香：也可称为"韩信点兵"，是斟茶杯瓯底最浓部分，要均匀地一点一点滴到各茶杯里，达到浓淡均匀、香醇一致。

敬奉香茗：茶艺服务人员双手端起茶盘为各位嘉宾、朋友敬奉香茗。

鉴赏汤色：品饮铁观音，首先要观其色，就是观赏茶汤的颜色，名优铁观音的汤色清澈、金黄、明亮，使人赏心悦目。

细闻幽香：铁观音天然蕴含的兰香与桂花香，清香四溢，让人心旷神怡。

品啜甘霖：就是品啜其味，品啜铁观音的韵味，有一种特殊的感受。你呷上一口含在嘴里，慢慢送入喉中，顿时觉得满口生津，齿颊留香，六

根开窍清风生，飘飘欲仙最宜人。

品茶——舌端甘苦入心底：品茶是指三品花茶的最后一品，口品。在品茶时依然是天、地、人三才杯不分离，依然是用左手托杯，右手将杯盖的前沿下压，后沿翘起，然后从开缝中品茶，品茶时应小口喝入茶汤。

谢茶——茶味人生细品悟：人们认为一杯茶中有人生百味，无论茶是苦涩、甘鲜，还是平和、醇厚，从一杯茶中人们都会有良好的感情和联想体会，所以品茶重在回味。

回味——饮罢两腋清风起：唐代诗人卢仝的诗中写出了品茶的绝妙感觉，他写道："一碗喉吻润；二碗破孤闷；三碗搜枯肠，唯有文字五千卷；四碗发轻汗，平生不平事，尽向毛孔散；五碗肌骨清；六碗通仙灵；七碗吃不得也，唯觉两腋习习清风生。"[①] 茶是祛襟涤滞，致清导和，使人神清气爽、延年益寿的灵物，只有细细品味，才能感受到那"两腋习习清风生"的绝妙之处。

第三节　和而观之——泡茶之要素

要沏出好茶，除了选择品质好的茶叶与适宜的冲泡用水，还应注意下列要素。

一、泡茶水温

水温高低是影响茶味水溶性物质溶出比例和香气成分挥发的重要因素。水温低，茶叶滋味成分不能充分溶出，香味成分也不能充分散发。但

---

① 唐代卢仝《七碗茶诗》。

水温过高，尤其加盖长时间闷泡嫩芽茶时，易造成汤色和嫩芽黄变。

现代科学证明，在茶水比为1∶50时冲泡5分钟的条件下，茶叶的多酚类和咖啡因溶出率因水温不同而有异。如水温87.7℃以上时，两种成分的溶出率分别为57%和87%以上；水温为65.5℃时，其值分别为33%和57%。不同茶类，因其嫩度和化学成分含量不同，对泡茶用水的温度要求也不同。细嫩的高级绿茶类名茶，以85℃~90℃为宜。

一般红茶、绿茶、花茶以及乌龙茶，宜用正沸的开水冲泡。用煮渍法泡紧压茶，可使茶叶在沸水中保持较长时间，充分提取茶叶的有效成分。调制冰茶时，最好用温水（40℃~50℃）冲泡，尽量减少茶叶蛋白质和多糖等高分子成分溶入茶汤，防止加冰时出现沉淀物。同时，冷茶水还可提高冰块的制冷效果。

二、茶与水比例

冲泡茶叶时，茶与水的比例称为茶水比例。茶水比例不同，茶香气的浓淡和滋味的强弱各异。据研究，茶水比例为1∶7、1∶18、1∶35和1∶70时，水浸出物分别为干茶的23%、28%、31%和34%。这说明在水温和冲泡时间一定的前提下，茶水比例越小，水浸出物的绝对量就越大。另一方面，如果茶水比例过小，茶叶内含物虽然被溶出茶汤的量较大，但由于用水量大，茶汤浓度却显得很低，茶味淡，香气薄。相反，茶水比例过大时，由于用水量少，茶汤浓度过高，滋味苦涩，而且不能充分利用茶叶的有效成分。试验表明，不同茶类需要不同泡法，对茶水比例的要求也不同。

一般认为，冲泡红、绿茶及花茶，茶水比例以1∶50（或60）为宜。品饮铁观音、乌龙茶时，细细品尝，茶水比例可大些，以1∶18（或20）为宜，即茶叶体约占壶容量的2/3。紧压茶如金尖、康晴、夜砖和方苞茶等，因茶原料较粗老，煮渍法才能充分提取出茶叶的香、味；而原料较细嫩的饼茶则可采用冲泡法。用煮渍法时，茶水比例可为 1∶80，冲泡法则约 1∶50。如果用冲泡法品饮普洱茶，茶水比一般为 1∶30（或40），即 5～10 克茶叶加 150～300 毫升水。

泡茶所用的茶水比例还依消费者的嗜好而异，若喜爱饮较浓的茶，茶水比例可小些。此外，饭后或酒后饮茶，茶水比例可小；睡前饮茶宜淡，茶水比例应大。

三、冲泡次数

按照中国人的饮茶习俗，一般红茶、绿茶、乌龙茶以及高档名茶，均采用多次冲饮法。其目的是充分利用茶叶的有效成分。如在前述茶水比例、水温和冲泡时间的条件下，第一次冲泡虽可提取 88% 的茶多酚，但茶叶中各种成分是有区别的，有些物质的溶出速率比茶多酚慢。因此，茶叶固形物的提取率在第一次冲泡时只有 50%～55%，第二、三次分别为 30% 和 10%。所以，一般红茶、绿茶、花茶和高档名茶均以冲泡三次为宜。乌龙茶冲泡时，第一泡的目的是润茶，时间亦短，茶汤弃去不饮，故多作四次冲泡。进行调饮时，多用一次煮渍法（紧压茶）或一次泡沏法（红碎茶）。

第十章　情景交融——茶艺表演艺术欣赏

第一节　风流雅致——茶艺的六美

"茶艺"这个词大约于20世纪90年代初在中国内地开始流行起来。茶艺表演在茶叶冲泡程序的编排和演示上，根据各个活动的要求，更注重艺术渲染、茶具选配、服装服饰、音乐背景、场景气氛以及茶席布置等，要求茶艺表演具有艺术效果，具有一定的观赏性。从狭义上讲，茶艺是一种泡茶和品茗艺术，是人们在泡茶、喝茶的过程中，经过长期的实践、总结，摸索出来的一套泡茶技巧；从广义上讲，茶艺是人类在社会发展过程中通过茶所创造的物质财富和精神财富的总和，是人们将泡茶、喝茶行为与文学艺术相结合，实现从物质到精神全面满足的一种文化现象。茶艺赋予人们的是一种感官享受进而升华为精神享受；讲究茶艺是人们追求生活品位的体现，这与国家经济的繁荣、社会秩序的稳定和人民生活水平的提高有着密切的关系。我们所说的茶艺，也是从早期的大碗茶、大壶茶和老人茶时代以及广东、福建等工夫茶中衍生出来的一种全新的品茗文化。

一、人之美

人是茶艺最根本、最为主导的要素。在茶艺表演过程中，人之美主要表现在两个方面：一是外在表现出来的可见的仪表美；二是非直接可见但体现于各方面的心灵美。仪表美是指茶艺者形体、服饰、发型等综合的美。得体的

图10-1　茶艺表演1

服饰、发型能够有效衬托茶艺表演的主题，与茶具相协调，并使观众尽快进入特定的饮茶氛围，理解、认同茶艺。如禅茶表演以禅衣为宜，白族三道茶表演则宜选用具有白族特色的服装。而男士的普装以青色、灰色、黑色居多，宽松自然，上衣为长衫或对襟搭扣立领衫，裤子一般色调较深。个性化的发型不适宜传统的茶艺内容。天生丽质固然是人之美不可多得的因素，但较高的文化素养、得体的举止、自信的技艺、天然的灵气、优美的风度、规范的艺术语言，也是构成人之美的重要因素。

二、器之美

中国自古便有"器为茶之父"之说。当饮茶成为人们精神生活的一部分时，茶具就不只是盛放茶的容器，更是一种融造型艺术、文学、书法、绘画为一体的综合性艺术品。

精美的茶具首先要具有实用性，达到因"茶"制宜、衬托汤色、保持香郁、方便品饮的目的。此外，还需造型质朴自然、富有神韵。例如，在大玻璃杯、小玻璃杯和普通玻璃杯中投放适量的茶叶，再按习惯注入开水

至七八分满，数分钟后可以观察到：杯子愈大，茶叶愈快变黄；杯子愈小，茶叶的汤色愈翠绿，香气愈浓，滋味愈鲜醇，冲泡的次数也愈多。其主要原因是大杯不易散热，容易使茶叶黄变；小杯虽然添水次数较多，但茶汤质量好。可见，绿茶品饮需要选配小玻璃杯。

三、茶之美

茶之美有名之美、形之美、色之美、香之美和味之美。

茶叶历来有"嘉木""瑞草"之美称。人们喜欢给各种茶冠以清丽雅致的名称，或以地名来命名，如西湖龙井、安溪铁观音；或以地名加茶叶外形来命名，如君山银针、平水珠茶、六安瓜片；或以相关的美丽传说来命名，如大红袍、绿牡丹、猴魁茶等。美丽而富有内涵的茶名让人难忘。

形，指茶叶外表形状，大体有长圆条形、卷曲条形、扁条形、针形、花叶形、颗粒形、圆珠形、砖形、饼形、片形和粉末形等。

色，指干茶的色泽、汤色和叶底色泽。因加工方法不同，茶叶可做出红、绿、黄、白、黑、青等不同色泽的六大茶类。茶叶色度可分为翠绿色、灰绿色、深绿色、黄绿色、黑褐色、银灰色、铁青色、青褐色、褐红色、棕红色等，汤色色度分为红色、橙色、黄色、黄绿色、绿色等。

香，指茶叶经开水冲泡后散发出来的香气，也包括干茶的香气。香气的产生与鲜叶含的芳香物质及制法有关。鲜叶中含芳香物质约50种，绿茶中含100多种，红茶中含300多种。按香气类型可分为毫香型、嫩香型、花香型、果香型、清香型、甜香型等。

味，指茶叶冲泡后的滋味。它与所含有味物质有关：多酚类化合物有苦涩味，氨基酸有鲜味，咖啡碱有苦味，多糖类有甜味，果胶有厚味。按味型可分为浓厚、浓鲜、醇和、醇厚、平和、鲜甜、苦、涩、粗老味等。味型近似，区分极难，全靠舌头精细感觉。

四、水之美

水发茶性,究竟什么水宜茶呢? 一般人赞同陆羽的观点:"山水上,江水中,井水下。"按古人经验,水要"清""活""轻""甘""冽"。古人琢磨出的这条是科学的。据科学分析,硬水泡茶,茶汤发暗,滋味发涩;软水泡茶,茶汤明亮,香鲜爽,所以软水宜茶。用感官择水,现代饮用水的标准是无色、透明、无沉淀、不含有害的微生物和有害物质、无异味。

由于环境和生活节奏的改变,现代人一般选用方便、洁净的自来水、纯净水、矿泉水泡茶。为了提高茶汤的品质,选用自来水时需要设法去除其中的氧气,而选用矿泉水则应选择含钙量低、离子含量少的软水。

五、艺之美

茶的冲泡艺术之美表现为仪表美与心灵美。仪表是沏泡者的外表,包括容貌、姿态、风度等;心灵是指冲泡者的内心、精神、思想等,通过冲泡者的设计、动作和眼神表达出来。例如,泡茶前由客人"选

图10-2 茶艺表演2

茶",可提供数种茶类由客人自选,"主从客意",以表达主人对宾客的尊重,同时也让客人欣赏了茶的外形美;置茶时不用手抓取茶叶,是讲卫生的表现;冲泡时用"凤凰三点头"的手法,犹如对客人行三鞠躬。另外,敬茶时的手势动作,茶具的放置位置和杯柄的方向,茶点的取食方便等均需要处处为客人着想。在整个泡茶的过程中,冲泡者始终要有条不紊地进

行各种操作，双手配合，忙闲均匀，动作优雅自如。

六、境之美

所谓茶境，即品茶的场所；而茶侣，则是指志同道合、心灵契合的茶人知己。茶优、水好、器精和恰到好处的冲泡技巧，造就了一杯好茶，再加上有一个品茶的幽雅环境，饮茶便不是单纯的饮茶了，而成为一门综合的生活艺术。因此，营造品茶环境很重要。由于茶是性灵的净品，茶侣的取舍，关系着品茶意境和情境。

现代茶馆主要指那些专门设立的收费茶室、茶楼、茶坊、茶艺馆类，它提供茶水、茶食，供茶客饮茶休息或观赏表演。大众化的茶楼，一般采光要好，使茶客能感到明快爽朗。室内装饰可以简朴，桌椅整齐清洁即可。高档茶馆则要讲究一些，装修宜精致。一些现代茶艺馆充满了现代色彩，沙发茶几、精美茶具、空调控温、丝竹声声，体现出现代人简洁休闲的时尚气息。

家庭饮茶可以在有限的空间里寻找适宜的位置。一般宜选择向阳、靠窗处，配以茶几、沙发或台椅。窗台上摆放盆花，上方悬垂藤蔓植物。总之，家庭饮茶要求安静、清新、舒适，尽可能利用一切有利条件，如阳台、门庭小花园甚至墙角等，只要布置得当，窗明几净，同样能创造出一个良好的品茗环境。

自然山水风光美不胜收，在山涧、泉边、林间、石旁等处赏景，可以使人们在忙于生计之余品味生活，意趣盎然。将茶室移至室外，置身于农家、田野，有一种清新的感觉。这类品茶环境，追求人与绿水、青山、蓝天融为一体的意境，充满山野的质朴与自然。而硬件设施则相对简陋一些，有的搭起茶亭，有的支起阳伞、帐篷，有的更为直接，将石桌、石凳或竹椅、板凳放置在林间、溪边，配以简单的茶具。

对茶境的拟人化，平添了茶人品茶的情趣。如郑板桥品茶邀请"一片青山入座"，陆龟蒙品茶"绮席风开照露晴"，白居易品茶"野麋林鹤是交游"。在茶人眼里，月有情、山有情、风有情、云有情，大自然的一切都是茶人的好朋友。有了好的茶侣，更要有好的茶境，才能达到"天人合一"的境界。欧阳修认为："泉甘器洁天色好，坐中拣择客亦嘉。新香嫩色如始造，不似来远从天涯。"茶新、泉甘、器洁，是器物美；座中有嘉客，是人事美；天色好，是环境美。明代徐渭也对品茶之境做了概括性的说明："茶宜精舍，宜云林，宜瓷瓶，宜竹灶，宜幽人雅士，宜衲子仙朋，宜永昼清谈，宜寒宵兀坐，宜松月下，宜花鸟间，宜清流白石，宜绿藓苍苔，宜素手汲泉，宜红妆扫雪，宜船头吹火，宜竹里飘烟。"明代冯可宾概括了品茶的四个方面：品饮者的心理素质、茶的本身条件、人际间的关系以及周围的自然环境。此类论述在明清两代的茶书中还有许多。可见，这种清静幽雅的茶室是文人雅士聚会活动的理想场所，充分说明我国自古以来就十分重视品茶的环境。人与人、人与自然万物是和谐一体的。所谓"物我两忘，栖神物外"，其实说的是一种人与自然、人与人和谐统一的最高境界。品茶作为一种艺术修养，也是以主客体的相互统一作为最高境界，因此，对环境的选择、对人品的挑剔都是圆满完成品茶在艺术中的必要手段。

第二节　气韵生动——茶艺表演的基本要求

一、茶艺表演的动作要求

相比其他表演艺术，茶艺更贴近生活，更直接服务于生活。它的动作不强调难度，而是强调生活的实用性，在此基础上表现流畅的自然美。在

表演风格上，茶艺注重自娱、自享和内省内修。和太极拳一样，虽然也可用于表演，但根本作用还是个人修身养性。泡茶是日常生活中一种平凡的活动，只要我们能以茶道为指导，专心一意，自然而然地认真泡茶，当十分熟练后，必定会实现"技"的升华，达到"道"对技的超越，这样你本人不仅会在平凡的活动中享受到创造自由和精神的愉悦，别人也会从你朴实的操作中感受到美。

二、茶艺表演的神韵要求

"韵"是美的最高境界，可以理解为传神、动心、有余意。在茶艺表演中，要达到这个境界，需要经过三个阶段：

第一阶段，要求达到熟练。这是打基础的阶段，熟能生巧。

第二阶段，要求动作规范、细腻、到位。

第三阶段，要求传神达韵。要特别注意"静"和"圆"。

三、茶艺表演的仪态要求

茶艺表演是一门高雅的艺术，它不同于一般的演艺表演，它浸润着中国的传统文化，飘逸出中国人所特有的清泼、恬静、明净自然的人文气息。因此，茶艺表演者不仅讲究外在形象，更应注重内在气质的培养。

（一）姿态

站、坐、走的姿态。走路时的步态美与不美，是由步度和步位决定的。如果步位和步度不符合标准，那么全身摆动的姿态就失去了谐调的节奏，也就失去了自身的步韵。

步度是指行走时两脚之间的距离。步度的一般标准是一脚踩出落地后，脚跟离另一只脚脚尖的距离恰好等于自己的脚长。步位是脚落地时应放置的位置。

步韵也很重要，走路时，膝盖和脚腕都要富于弹性，肩膀应自然、轻松地摆动，使自己走在一定的韵律中，才会显得自然、优美。

（二）操作要点及注意事项

女性穿礼服或旗袍的时候，绝对不要双脚并列，而是要让两脚之间距离5厘米左右，以一只脚为重心。穿高跟鞋时，以左脚为重心、脚尖与地垂直线成45°，右脚脚尖向前，脚跟紧连着左脚，选择这个站姿，曲线相当优美。站立的时候，严禁身体歪斜，或者将手放在衣服的口袋里。

不论何种坐姿，都切忌两膝盖分开，两脚呈"八"字形，这对女性来说尤其不雅。不可两脚尖朝内，脚跟朝外，这种内八字形坐法亦不雅。两腿交叠而坐时，悬空的脚尖应向下，切忌脚尖朝天和上下抖动。切忌跷二郎腿，或者不停抖动双腿、双手搓动或交叉放于胸前、弯腰弓背、低头等。坐下来应该安静，切忌一会儿向东、一会儿向西。双手可相交搁在大腿上，或轻搭在扶手上，但手心应向下。在椅子上前俯后仰，或把腿架在椅子或沙发扶手上，都是极为不雅观的。谈话时可以侧坐，上体与腿同时转向一侧，要把双膝靠拢，脚跟靠紧。特别注意与上级（长辈）同坐时不可背靠椅背；与同级（同辈）同坐时，要保持一定时间的规范坐法才可靠椅背；与下级（小辈）同坐时可自然随意，但也不能坐姿失态和放肆。

正确的行走姿势是在站姿的基础上摆动大臂，步子不宜过大或过小，速度不宜过快或过慢，两眼目视前方，走起来步子稳健、大方，双腿夹紧，双脚尽量走在一条直线上。行走中身体的重心要随着移动的脚步不断向前过渡，而不要让重心停留在后脚，并注意在前脚着地和后脚离地时伸直膝部。走路时，应自然摆动手臂，幅度不可太大，前后摆动的幅度约为45°，切忌做左右式的摆动。走路时应保持身体挺直，切忌左右摇摆或摇头晃肩，否则会让人觉得轻佻，缺少教养。走路时膝盖和脚跟都应轻松自如，以免显得僵硬，并且切忌走外"八"字或内"八"字，给人一种不雅观的感觉。走路时不要低头或后仰，更不要扭动双臂。不要双手反背在背后，这会给人以傲慢、呆板之感。步度与呼吸应配合成规律的节奏，穿礼服、裙子或旗袍时步度更应轻盈优美，不可跨大步。若穿长裤步度可稍大些，这样会显得生动，但最大步也不可超过脚长的1.6倍。

（三）鞠躬礼

坐式鞠躬礼。动作要领：在坐姿基础上，头身前倾，双臂自然弯曲，手指自然合拢，手掌心向下，自然平放于双膝上，或双手呈"八"字形轻放于双腿中后部位置。直起时目视双膝，缓缓直起，面带微笑。俯、起时的速度和动作要求与站式鞠躬礼相同。真礼：头身前倾45°，双手平扶膝盖。行礼：头身前倾小于45°，双手呈"八"字形放于大腿1/2处。草礼：头身略向前倾，双手呈"八"字形放于双腿后部位置。

跪式鞠躬礼。在跪坐姿式的基础上，头身前倾，双臂自然下垂，手指自然合拢，双手呈"八"字形，掌心向下或向内，平扶或垂直放于双膝前位置。直起时目视手指尖，缓缓直起，面带微笑。俯、起时的速度和动作要求与站式鞠躬礼相同。真礼：头身前倾约45°，双手掌心向下，平扶触地于双膝前位置。行礼：头身前倾小于45°，双手掌心向下，平扶触地于双膝前位置。草礼：头身略向前倾，双手掌心向内，指尖触地于双膝前位置。

站式鞠躬礼。动作要领：左脚先向前，右脚靠上，左手在里，右手在外，四指合拢相握手腹前。缓缓弯腰，双臂自然下垂，手指自然合拢，双手呈"八"字形轻扶双腿。直起时目视脚尖，缓缓直起，面带微笑。俯下和起身速度一致，动作轻松，自然柔软。真礼：弯腰约90°。行礼：弯腰约45°。草礼：弯腰小于45°。

四、茶艺表演的状态要求

（一）自然和谐

有茶艺表演，就有与观众的交流。举止至关重要，人的举止表露着人的思想及情感，它包括动作、体态的和谐美观及表情、眼神、服装、佩饰的自然统一。因为成功的表演，不只是冲泡一杯色、香、味俱佳的好茶的过程，更是一场让观众赏心悦目的视觉盛宴。

图10-3　茶艺表演3

因此，必须在平时的训练中全身心地投入，在动作和形体训练的过程中，融入心灵的感受，体会茶的奉献精神和纯洁无私，与观众产生共鸣。陆羽的《茶经》将茶道精神理论化，其茶道崇尚简洁、精致、自然的同时，体现着人文精神的思想情怀。在中国传统文化中，和谐是一种重要的审美尺度。茶道也是如此，要使人们感受到茶道中的隽永和宁静，从有礼节的茶艺表演中感悟时间、生命和价值。

（二）从容优雅

泡茶是用开水冲泡茶叶，使茶叶中可溶物质溶解于水成为茶汤的过程。完成泡茶过程容易，而泡茶过程中从容优雅的神态并不是人人都能体现的。这要求表演者不仅要有广博的茶文化知识，较高的文化修养，还要对茶道内涵有深刻理解，否则纵有佳茗在手也无缘领略其真味。茶艺表演既是一种精神上的享受，也是一种艺术的展示，是修身养性、提高道德修养的手段。从容，并不等于缓慢，而是熟悉了冲泡步骤后的温文尔雅、井井有条、优雅大方。

图10-4　茶艺表演4

五、茶艺表演的综合要求

茶艺是茶道、茶礼、茶俗、茶技等的综合。如果将其中一项单独提出来说，那么各有各的侧重点。茶道重视的是氛围、修养、动作细节、过程轨迹等；茶礼重视的是礼节形式；茶俗重视的是饮茶的习惯和各式各样的民俗；茶技重视的是制茶、泡茶和饮茶的技艺、技巧，包括享受茶汤的美妙。而茶艺要把茶道、茶礼、茶俗和茶技的侧重点都表现出来，才算完美的茶艺。茶艺的美，必须讲究"过程"，"过程"才是茶艺的真正表现，而礼节和形式又是茶艺"过程"中最主要的部分。礼为教本，礼节是教化的根本，主要作用在于促进秩序与和谐。在有秩序的情况下，适当地表现礼节，各方相互配合，使整个过程顺利进行，这就是形式。追求茶艺的过程美，是茶艺的最高境界。在茶艺的体系中，泡茶、挂画、插花、点香、演奏音乐是一个整体，眼耳鼻舌身意六根都应用上，也就是茶与相关艺术的融合应用。在茶艺表演的过程中，将这些因素完美配合、和谐交融、相辅相成，最终共同完成一壶好茶，就是茶艺过程最美最高的境界。

图10-5　茶艺表演5

第三节　求真求善——茶艺表演的主题和风格

　　主题是作品蕴含的中心思想，是作品创作的灵魂。每个作品都应该有一个主题，即作者试图通过作品的全部材料和表现形式所表达出的基本思想，如友爱、深情、健康、思念、豁达等。主题类型的规定使茶艺创作有一个基本的范式，在创作原则的指导下，创作者能比较顺利地满足茶艺作品从形式到内容的审美要求。

要注意的是，不管定位在哪一类主题，茶艺师都会在综合的基础上，采用不同程度的强化突出、夸张、陌生化等方法，来达到一定的艺术效果。比如，调动多种材料和手段去集中表现形象的某一主要特征，强化突出这一特征；夸张，充分发挥想象力和创造力，以改变常态的方式去设计表现方式；陌生化，着力赋予形象以特殊的形式，使之变得与普通日常生活有一定的疏离，增加品赏者感受的难度和时间长度，强化审美效果。主题表现与创作方法的灵活运用紧密结合，就不至于使茶艺陷入从主题到主题的刻板，或者面向日常生活的琐碎境地。

一、主题之真善美

茶艺的主题追求与茶艺的学科价值是一致的，也表达了求真、求善、求美的旨归。在这三大追求的框架下，下文依据茶艺作品题材的规律性进行归类和说明。

（一）求真的主题类型

主要体现在茶艺作品具有反映真实生活的特征，以对茶汤的完美追求以及客观务实的表现方式，表达"真诚"的主题。围绕这个主题，茶艺创作题材大致分为规范科学的饮茶方式、民俗的饮茶方式、还原历史的饮茶方式三种类型。作品创作的共同特点是，紧扣茶汤的真实演绎、技艺的真实展现，以最简洁的形式表现出过程的美感，以茶艺师的整体素质呈现出作品的感染力。

1.茶艺以规范科学的饮茶方式呈现

这是最容易被大众有效接受的形式，作品注重茶艺的结构要素能实现真实、规范、实用的表达，还原生活本质的追求，艺术形式上侧重简洁、律动之美。作品的表现方式依托于茶艺元素、茶艺流程和茶艺表现的设计。

在茶艺元素方面。体现求真主题的题材有针对茶叶的，茶艺师面对性能独特的茶，需要全神贯注地动用所有的创作材料来呈现它的与众不同，体现物尽其用的理念；有针对水、火的，茶艺师实验性地探索用冷水来代替火煮的茶、用竹沥水改造水的来源等，给人呈现出另一番求真创新的趣味场面。

在茶艺流程方面。体现求真主题的题材有对流程规范演说的，茶艺师一边沏茶，一边将每一个步骤娓娓道来，给人亲切温暖之感；有体现规范性的茶艺师，满怀至诚敬意，认真践行礼仪规范；有流程的可变性设计，茶艺师从饮者、沏茶者（如少儿）的差异性考虑，对流程做细致入微的技术改变等，这些都是茶艺表达求真的题材。

在茶艺表现方面的求真。主要呈现出茶艺形式美中关于节奏、整齐等方面的特点，如五人以上的茶艺师表演节奏一致的动作流程，既加强了沏茶过程在观众面前呈现的真实感，又以整齐划一的形式美感给观众留下具有冲击力的深刻印象。这种茶艺表现形式规模越大越有震慑力，所以也常被用在广场表演。

以上这些题材为了体现求真的主题，作品的创作重点在于追求精益求精的技术表现、组合和创新，表现形式的简洁明快使作品更接近生活，容易被观众接受。但同时对茶艺师的要求是比较高的，作为以艺术形式呈现的作品，与生活保持审美距离的关键在于茶艺师的技能和素质，茶艺师所展现出的生动气韵以及秉持"一期一会"的真诚态度是作品的全部精髓。

2. 茶艺作为民俗的和历史的饮茶方式演绎

茶艺以这样的定位做出求真的演绎：民俗题材我们理解为即将成为历史的饮茶生活方式的呈现；历史题材是可能在历史上存在的饮茶生活方式的还原。这是两个类型的茶艺，相同点是，它们都需要参考大量的文献、实地考察、实物等资料，以基本真实的还原来表现茶艺；不同点是，前者在现实的生活中还可能存在，茶艺师以实地挖掘为主要创作积累的来源；后者仅在文献和文物中存在，或许在生活中还有依稀留存，茶艺师需要以历史观和文献考证等方法，获得创作的基本材料。

茶品和茶具是这两类茶艺创作的关键和难点之一。对历史性茶艺来说，如还原唐代、宋代的茶艺，面临的第一个问题，就是饼茶、团茶的制作，如何蒸青、如何榨茶、如何研磨等，涉及茶叶生产、加工的环节。器具也一样，像唐鍑、宋钵作为主泡器，其尺寸、材料、形制，以及受火候影响所呈现出的沫饽等情况，大部分都不能在现实中获得。从茶品、茶具的选择，到茶艺中其他元素的要求和流程的规定，在茶艺创作中都成为需要探索、研究、实验、呈现的内容。民俗茶艺同样如此。

饮茶态度是这两类茶艺创作的第二个难点。作为求真的题材，饮茶态度应同样还原民俗中、历史中可能存在的茶艺师所应有的表情和技能。比如，新娘茶的民俗类型茶艺，大部分人的创作会有这样的编排：先是媒婆说亲、定茶，再是结婚拜堂，然后新娘沏茶奉茶。整个作品的茶艺部分其实成了其中的一个道具，这样的作品就不能称之为茶艺，如果表现好的话，应该是一个小品、小戏，如果说与茶有关联的归类，那就是茶文艺。新娘茶，应该呈现出一位有个性的茶艺师扮演新娘时沏茶、敬茶的状态。就如同陆羽与常伯熊因个性迥异而展现出不同的煎茶饮茶态度一样，泼辣的新娘和温婉的新娘，在当地风俗背景下也会呈现出不同的表现。这种表现是在沏茶的过程中逐一展示的，即便有些夸张，也是符合艺术表现规律的。

茶艺在历史、民俗两个领域中题材丰富且耐人寻味。茶艺以陆羽《茶经》为标志，经历了一千两百余年的历史，留下不少饮茶文化的瑰宝，也产生了诸多谜团。还原历史的茶艺构思，除了从史料、文物资料中获取外，由于茶文化的传播，到异国他乡寻求印证，也成为中国茶艺师践行的

责任和探索的内容。同样，如同活化石般的民俗茶艺，在体现不同区域的人们对风俗、对家园的顽固执守的同时，共同表现了对生活返璞归真的价值追求。茶艺对历史、民俗的贡献，不仅仅是艺术的演绎，它还提供了一种实验方法，搭建了一个切入历史、地域环境的平台，也成为其他国家和地区追本溯源、寻根问祖的文化需求。

（二）求善的主题类型

这是茶艺作品追求仁爱的体现，突出作品呈现的文化旨归。这一类型的茶艺题材很多，茶艺师利用茶艺的表现手法来表达对大自然（如四季、花草、日月）的爱、对人类（如父母、朋友、爱人）的爱、对人类的创造物（如节日、地域、家乡）的爱等多种类型，在表达爱的同时，其本质是对文化的认同。因为爱有对象性，所以这类作品一般具有明确的对象，从作品创作的意蕴讲，它是将茶汤奉献给这些对象的（当然，实际上依旧是由观众来接受和品鉴茶汤）。因此，能否让观众感觉和欣赏到作品表达出的仁爱境象，使观众在不知不觉中也将自己投入这个境象，是作品的成功之处。

用茶艺求善的主题来传播品牌文化，是现阶段中国茶艺创作最实用的一个类型。这里包括了茶叶品牌、企业品牌、区域品牌等文化的宣传，一般都与茶品类、茶产地、茶营销等因素有关，也有与茶无关的，借用与茶文化性的同源价值追求来宣传自己的品牌文化。

在以品牌宣传为创作题材时，首先要突出茶叶、茶业、区域的显著性特征，这种显著性特征的第一要务，就是对具有大众熟知度的材料进行挖掘，正如用《茉莉花》曲调来表征中国的江南文化一样，用许仙和白娘子的茶艺个性来塑造"西湖龙井"的品牌故事；用昆曲来表现《牡丹亭》的故乡，加深"龙谷丽人"的品牌印象；以云南浓郁的民族服装及器物元素来宣传普洱茶，都是利用观众熟悉的认知途径带入茶艺对品牌的创作目的。其次是借助显著性的特征表现，将文化与茶艺活动充分融合。文化特征使作品有了对象感，接下来的工作就是如何将茶汤敬献给这些对象：用至柔和至刚两种不同茶艺技法来表现，直到最后的茶汤融合，敬奉给许仙与白娘子《千年等一回》[①]的爱情；以极度夸张渲染的民族服饰、神秘的仪式感、远奥的器物构成的茶席设计和流程，将茶汤奉献给缔造普洱茶的勤劳勇敢的人们。即便是再华美的场面，茶汤依旧是作品观照的对象，所有的爱最终都体现在对茶的珍爱上，作品最后的归结点，是沏好每一碗茶汤。

通过茶艺形式的呈现，人们对茶汤感同身受，对求善的主旨有趋同的追求，对品牌文化有了更深刻的印象，品牌的归属感得到培植，为品牌知名度和美誉度的提升建立了一定的基础。同样关于对自然界的爱、对世界的爱，以日常生活审美方式的茶艺创作活动，来呈现人生的归属感、幸福感和人生的价值，这是茶艺至善的表达。

（三）求美的主题类型

这体现了茶艺作品的审美水平，从茶艺至美的创作构思到作品表达，都荡漾着一种在精神空间里自由徜徉的情感，给人以心灵的慰藉。这类作品的创作重点，在于将审美的普遍规律与茶艺的本质属性紧密结合起来。作品虽然以茶汤为观照对象，然而随着表演的进行，人们逐渐忘记了茶汤、技艺及眼前呈现的具体形式，只能感受到心灵深处的律动，并与茶艺师的情感节奏保持一致。这类作品题材丰富，上述两个主题类型的题材若能创作出达到较高艺术水平、具备较强感染力的作品，一样也归于这一类型，但从创作路径来看，它们之间是有区别的。求真的主题，主要阐释茶汤；求善的主题，核心在于建构一个对象；求美的主题，旨在安抚心灵，

---

① 朱红缨.中国式日常生活：茶艺文化［M］.北京：中国社会科学出版社，2013.

其创作动因只是为了美。

求美的主题创作。第一，是表现作品之美对自由的追求，因此在题材的挖掘上，它会从美的规律中去寻求表现的方式，如色彩、形状、空间因素，以及它们的组合规律。这一类型的茶艺作品一般具有较高水平的茶席设计和空间表达，也要求茶艺师有一丝不苟的美的呈现，因为美有夸张、变形的审美范畴，茶艺的自由创造在这一领域中得到更大空间的发挥。第二，作品要明确创作的文化旨归，仅有形式上的美是不够深刻的。作品需要为创作者自身或观众提供一个情感支撑点，即作品要明确表达它讲述的内容，确保内容与形式相符，确保能吸引观众情感的融入，给人健康向上、趣味盎然、宁静致远的力量启发。第三，作品的最后必须呈现出一杯完美的茶汤。

以作品《西湖雅韵》①为例，创作动因是以江南茶艺为作品定位，参加民族茶艺比赛。为了突出差异性，也契合民族间的文化借鉴，作品以《越人歌》为背景，围绕"韵"的主题，在"今夕何夕兮，搴舟中流。今日何日兮，得与王子同舟。蒙羞被好兮，不訾诟耻。心几烦而不绝兮，得知王子。山有木兮木有枝，心悦君兮君不知"的低吟浅唱中，拉开了优雅且美轮美奂的茶艺表演序幕。表演诠释了茶与水的"爱情"、山与木的"爱情"、人与人的"爱情"，同时巧妙地运用面具舞的饮茶造型作为茶艺动态的空间设计元素，营造出束缚与舒展的视觉冲击效果。作品以不惧束缚的温良力量表达"天下之至柔，驰骋天下之至坚"的文化旨归，给人留下深刻印象，从形式到内容的一致性使"雅韵"主题得以凸显。

---

① 朱红缨.中国式日常生活：茶艺文化［M］.北京：中国社会科学出版社，2013.

二、风格的代表性

风格是指茶艺作品在整体上呈现出的具有代表性的独特面貌。同一个主题可能会有不同风格的表现。确立作品的创作风格，不仅能更好地诠释主题，也能较迅速地引导观众进入茶艺师的作品境象。茶艺的风格有不同方法的分类，从格局的特征来分，大致为简洁、清秀、朴实、典雅、奇趣、玄远、繁复、壮丽八种。

（一）简洁

追求极少，去除一切不必要的器具、修饰、动作、颜色、装点，用茶艺基本的元素、特征、结构及本质的美，来呈现作品。简洁的风格从形式上来看是最简单的，但对茶艺师和茶汤的要求是最高的。这一风格用于求真的主题类型较多，离观众的距离也是最近的。

（二）清秀

在简洁的基础上增加一些审美的设计，通过点缀的手法增强主题的表现力，诠释不多不少的美感，观众在近距离欣赏中能感受到茶艺师的审美心情。

（三）朴实

以朴实的、还原生活的表现手法，对生活中的饮茶方式进行艺术化的呈现。艺术是第二自然的表现，虽然是拾遗生活场面，这种淳朴已经带上了茶艺师的创作旨意，具有典型性和同质化的艺术加工特点，能让观众感受到淳朴之外的茶艺境象。

（四）典雅

运用传统美学法则及文化典籍，使茶艺造型和表现产生规整、端庄、稳重、高贵的美感。作品的典雅使各个部分、步骤都能依循一定的理据，呈现出意蕴深远、品格高古的温厚风貌。但典雅相比远奥，繁复又力求简化，追求神似。典雅的创作风格一般有较大的表演空间，因此多用于舞台表演。

（五）奇趣

追求分享生活之乐的审美态度，探索在茶艺中可表现一切的可能，作品表达出活泼、幽默、新奇等特征，让人有耳目一新之感。奇趣的风格在年轻人的茶艺作品中多见，他们积极与现实生活对接，创新了茶艺的内容和程式，也同时被生活接受。茶人之中的不羁之才常有奇趣的作品，似不合常规却发人深省。

图10-6　茶艺表演6

（六）玄远

创作者用一些复杂曲折的器物或表演，来诠释精微深刻的道理，体现出深邃、苍茫、隐喻的面貌。这类风格常与"天人合一""人生旷达""一衣带水"等主题关联，这种文化很容易启发创作者，也有很多人尝试做这样的作品，但由于题材宏大、深奥，往往难以达到预期的效果。

（七）繁复

繁复，花团锦簇、重峦叠嶂的样子。指在作品中用大面积的、复杂的色块、材料、形状等形构，以大气、成熟、夸张的表情，以强烈的存在感来呈现茶艺作品的面貌。这类作品比较适合在舞台、广场上表演，艺术设计感和冲击力强，适合以一定的距离来观看的审美需求。

（八）壮丽

专指多人参与的茶艺表演，一般应用于大场地的茶艺活动。在活动中，十几人甚至几十人的茶艺师身着统一的服装，使用统一的器具，遵循统一的流程和节奏，将茶艺中最核心的内容以最简洁的形式呈现出来，充分体现出广场艺术的宏大美感。鉴定此风格美的关键词是"整齐一律"。

不同的风格之间并没有高下之分，不同风格之中茶艺表现水平的区分，有简洁上、简洁中、简洁下。这个上、中、下的区分

图10-7　茶艺表演7

主要看作品依托风格是否很好地诠释了主题，是否考虑到观众的接受程度，是否兼顾了表演的场合要求，等等。

风格分类方式多样，有的从性格特征划分，如婉约、郑重、活泼等；有的从色彩特征划分，如冷色、暖色、撞色等；还有的从节奏快慢、舞台夸张程度、时空选择等方面划分。茶艺师运用不同分类方式下的风格元素进行组合，以此创作茶艺作品，这也是可取的。

参考文献

一、专著

［1］人力资源社会保障部教材办公室.茶艺师基础知识［M］.北京：中国劳动社会保障出版社，2020.

［2］朱红缨.中国茶艺文化［M］.北京：中国农业出版社，2018.

［3］潘城.隽永之美：茶艺术赏析［M］.北京：中国林业出版社，2019.

［4］王欢.以茶叙事：茶艺审美的诗意化表达［M］.杭州：浙江大学出版社，2019.

［5］简·佩蒂格鲁，布鲁斯·查理德森.茶行世界：环球茶旅指南［M］.张群，沈周高，蒋文倩，译.北京：中国科学技术出版社，2022.

［6］朱红缨.中国式日常生活：茶艺文化［M］.北京：中国社会科学出版社，2013.

［7］王玲.中国茶文化［M］.北京：九州出版社，2020.

［8］王欢.中国传统文化视阈下的茶文化研究［M］.北京：原子能出版社，2017.

［9］王岳飞，周继红，陈萍.中国茶文化与茶健康［M］.杭州：浙江大学出版社，2023.

［10］蔡荣章，许玉莲.茶道艺术家茶汤作品欣赏会［M］.北京：北京时代华文书局，2016.

［11］余悦.图说中国茶文化［M］.西安：世界图书出版西安有限公司，2014.

［12］蔡镇楚.茶美学［M］.福州：福建人民出版社，2014.

［13］王岳飞，徐平.茶文化与茶健康［M］.北京：旅游教育出版社，2014.

［14］张星海.茶艺传承与创新［M］.北京：中国商务出版社，2017.

［15］蔡镇楚，刘峰.中华茶美学［M］.西安：世界图书出版西安有限公司，2022.

［16］丁以寿.中国茶文化［M］.合肥：安徽教育出版社，2011.

［17］丁以寿.中华茶艺［M］.合肥：安徽教育出版社，2008.

［18］朱海燕.中国茶美学研究：唐宋茶美学思想与当代茶美学建设［M］.北京：光明日报出版社，2009.

［19］王欢.说茶：茶文化漫谈［M］.南昌：江西人民出版社，2014.

［20］余悦.中华茶艺：下［M］.北京：中央广播电视大学出版社，2015.

二、期刊

［1］沈冬梅.典籍与文物里的中国茶文化［J］.新华文摘，2024（5）.

后 记

本书的源起是学校大力倡导大学生美育教育，面向全校大学生开设了通识教育选修课"中华茶艺术鉴赏"。这门课程的火爆程度令人震撼。大学生，尤其是众多理工科的大学生们对中华传统文化、中华茶文化的热爱和关注，让我深深感受到了茶文化的博大精深和无穷魅力。由此，产生了探讨茶的各种艺术鉴赏形式的想法。

中华传统文化源远流长，其中，茶文化是一颗璀璨的明珠。茶，不仅是一种饮品，更是一种精神象征、一种文化载体。茶，作为一种普通的饮料，早已融入中国人民的日常生活，成为一种独特的传统文化象征。由于茶文化的内涵极为丰富，在这本书中，尽可能全面从茶类鉴赏、茶艺历史、茶书画、茶音乐、茶戏剧、茶空间、茶器具、茶技艺、茶艺表演等艺术视角对茶与艺术进行梳理。然而，这本书只能算是一个简要的概述。希望它能激发读者对中华茶文化的兴趣，透过艺术的空间角度，进一步深入探索博大精深的茶文化知识。同时，也期待茶文化在未来的发展中，能够不断创新，焕发出勃勃生机。

感谢所有为这本书付出辛勤努力的人，感谢他们的支持与鼓励。同时，也希望这本书能为中国茶文化的传播和发展尽一份微薄的力量。时光荏苒，四季更替，完成这本书时，不知不觉四季已悄然走过。"茶如人生"，每杯茶里，都有四季轮回，每一杯茶里都是我们浮沉的一生。读懂了自己的那杯茶，也就读懂了自己的内心和自己的一生。

2024 年 3 月 26 日写于前湖校区